THE INTERIOR DESIGN HANDBOOK OF COLOR

室内设计配色基础

任素梅 编著

中国电力出版社
CHINA ELECTRIC POWER PRESS

内容提要

本书从色彩的基础知识到配色的实操要点，皆通过示意图、图片解析等简明的形式予以展示，使读者快速了解关键配色常识，轻松掌握配色方法。同时，全面涵盖专业的色彩情感配色方法、色彩调整方案、色彩灵感来源及常见配色问题等内容，使读者轻松掌握协调和对比的配色技巧，打造专属个人风格的配色美学。

图书在版编目（CIP）数据

室内设计配色基础 / 任素梅编著 . — 北京 : 中国电力出版社，2019.1

ISBN 978-7-5198-2422-8

Ⅰ. ①室… Ⅱ. ①任… Ⅲ. ①室内装饰设计—配色 Ⅳ. ① TU238.23

中国版本图书馆 CIP 数据核字（2018）第 216110 号

出版发行：中国电力出版社
地　　址：北京市东城区北京站西街 19 号（邮政编码 100005）
网　　址：http://www.cepp.sgcc.com.cn
责任编辑：曹　巍（010-63412609）
责任校对：黄　蓓　郝军燕　李　楠
责任印制：杨晓东

印　　刷：北京盛通印刷股份有限公司
版　　次：2019 年 1 月第一版
印　　次：2019 年 1 月第一次印刷
开　　本：787 毫米 ×1092 毫米　16 开本
印　　张：13
字　　数：249 千字
定　　价：68.00 元

前言

PREFACE

色彩作为三大构成之一，是美学的关键组成部分。色彩的运用不只是熟练的设计技能，更是色彩情感的感知和应用情境的视觉判别。当人们进入一个室内空间中时，色彩设计的优劣是决定第一印象好坏的关键，因此好的室内体验，其色彩设计必然到位。

本书由“理想·宅 Ideal Home”倾力打造，力求解决如何打造成功的室内配色这一设计难题，不仅提出了简单易行的配色理念，同时，利用图表等形式为读者提供正确的色彩判断，以及思考色彩集合的意义。

书中共分为五大章节，其中第一章通过深入浅出的文字解析色彩的基础常识，包括色彩属性、色彩角色、色相型配色和色调型配色等；第二章讲解了色彩与空间的关系，并讲述如何通过调整色彩，来改善不理想的空间；第三章剖析了色彩调整的技法，通过调和配色、无色彩配色、对比配色等技法，使家居配色变得与众不同；第四章通过理解色彩的情感意义，有针对性地设计空间色彩；第五章则提供了家居配色的灵感来源，以及解决家居配色的常见难题，为读者指明家居氛围配色表达的技巧。

参与本书编写的人员有杨柳、叶萍、黄肖、邓毅丰、郭芳艳、李玲、董菲、赵利平、武宏达、王广洋、王力宇、梁越、刘向宇、肖韶兰、李幽、王勇、李小丽、王军、李子奇、于兆山、蔡志宏、刘彦萍、张志贵、刘杰、李四磊、孙银青、肖冠军、安平、马禾午、谢永亮、李广、李峰、周彦、赵莉娟、潘振伟、王效孟、赵芳节、王庶、孙淼、祝新云、王佳平、冯钒津、刘娟、赵迎春、吴明、徐慧、王兵、赵强、徐娇、王伟。

目录
CONTENTS

CHAPTER 1
色彩的基本理论，认识色彩才能运用色彩

CHAPTER 2
认识色彩与室内环境的基本关系，别把颜色“孤立”开来

CHAPTER 3
掌握室内色彩配色的基本技法，做到心中有数

CHAPTER 4

学会室内空间配色印象，才能有打动人心的设计

CHAPTER 5

攻破配色的调整技法，让室内环境更加引人入胜

要想对家居空间进行合理的配色设计，首先应该认识色彩，了解其形成、属性等基本常识。只有充分认知色彩的特性，才能够在家居配色时不出错，从而设计出观感精美的空间。

CHAPTER 1

色彩的基本理论，认识色彩才能运用色彩

一、色彩的构成与分类

有彩色与无彩色，形成丰富的色彩架构

丰富多样的颜色可以分成两个大类，即有彩色系和无彩色系。有彩色是具备光谱上的某种或某些色相，统称为彩调。与此相反，无彩色就没有彩调。另外，无彩色系有明有暗，表现为白、黑，也称色调。有彩色的表现复杂，但可以用色相、明度和纯度来确定。

1 暖色系

给人温暖感觉的颜色，色彩印象柔和、柔软，包括紫红色、红色、红橙色、橙色、黄橙色、黄色、黄绿色等。

居室应用：若大面积使用高纯度暖色容易使人感觉刺激，可调和使用。

2 冷色系

给人清凉感觉的颜色，色彩印象坚实、强硬，包括蓝绿色、蓝色、蓝紫色等。

居室应用：不建议将大面积暗沉冷色放在顶面和墙面，容易使人感觉压抑。

3 中性色

冷色、暖色之间的过渡色，如紫色和绿色没有明确的冷暖偏向。

居室应用：绿色为主色时，能够塑造惬意、舒适的自然感；紫色高雅且有女性特点。

4 无彩色系

没有彩度变化的颜色，包括黑色、白色、灰色、银色、金色。

居室应用：单一无彩色不易塑造强烈个性；两种或多种无彩色搭配，能塑造强烈个性。

C41 M88 Y70 K4

纯度低的暖色为主色，空间印象热情，不压抑

C49 M26 Y23 K0

不同色调蓝色组合，空间印象清爽，有层次

C83 M58 Y82 K56

中性色墨绿色做点缀，空间印象自然、舒适

C0 M0 Y0 K0　C0 M0 Y0 K50

无色系为主色，空间印象通透、干净

通过色相环理解原色、间色和复色

色相环是指一种圆形排列的色相光谱，色彩是按照光谱在自然中出现的顺序来排列的。暖色位于包含红色和黄色的半圆内，冷色位于包含在绿色和紫色的半圆内，互补色则出现在彼此相对的位置上。

▲ 从 12 色相环看原色、间色、复色

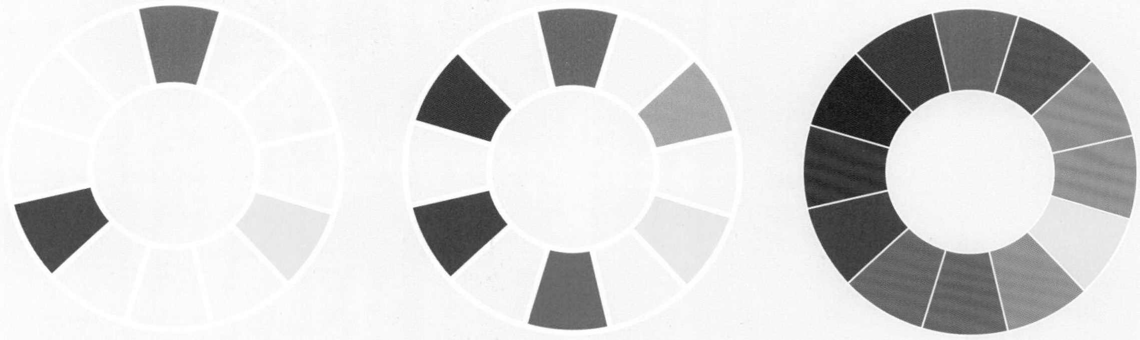

红色、黄色、蓝色是 12 色相环的基础色，即三原色，无法混合而成

把三原色等量混合，得到二次色，即三间色：绿色、紫色、橙色

填满 12 色相环，只需继续等量混合相近两色即可，得到三次色，即复色

除了 12 色相环，常见的还有 24 色相环。

奥斯特瓦尔德颜色系统的基本色相为黄、橙、红、紫、蓝、蓝绿、绿、黄绿 8 个主要色相，每个基本色相又分为 3 个部分，组成 24 个分割的色相环，从 1 号排列到 24 号。

在 24 色相环中彼此相隔 12 个数位或者相距 180° 的两个色相，均是互补色关系。互补色结合的色组，是对比最强的色组。使人的视觉产生刺激性和不安定性。相隔 15° 的两个色相，均是同种色对比，色相感单纯、柔和、统一、趋于调和。

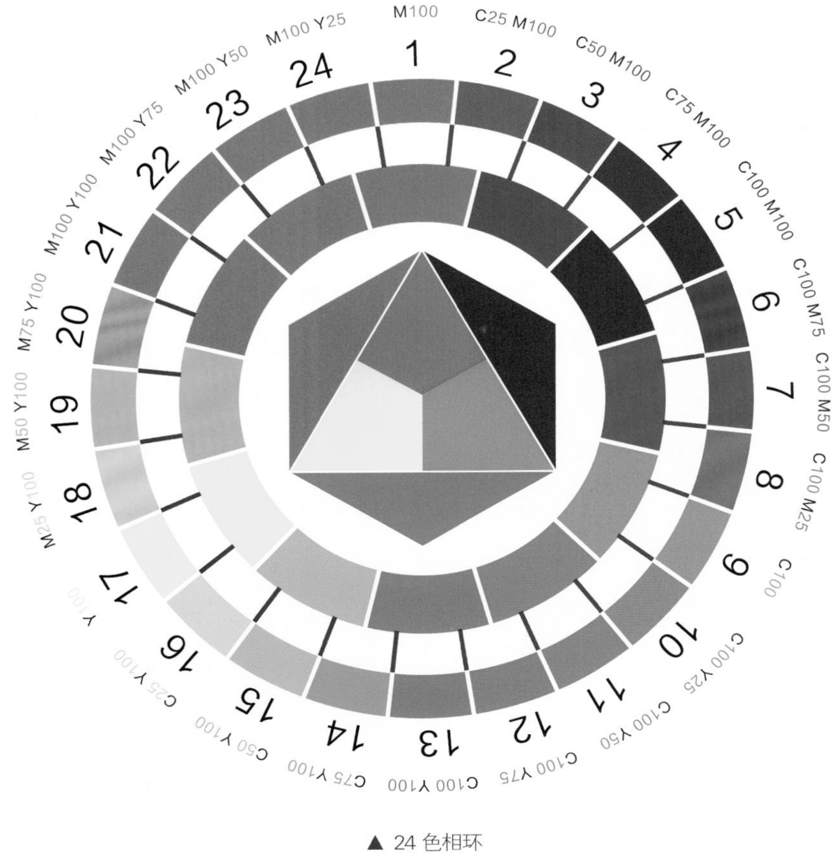

▲ 24 色相环

二、色彩三属性

色相是影响配色整体感官的决定因素

当人们称呼一种色彩为红色、另一种色彩为蓝色时，指的就是色彩的色相这一属性，这是色彩区别于其他色彩最准确的标准，除了黑、白、灰三色，任何色彩都有色相。即便是同一类颜色，也能分为几种色相，如黄色可以分为中黄、土黄、柠檬黄等，灰色则可以分为红灰、蓝灰、紫灰等。

C0 M0 Y0 K0
C14 M9 Y86 K0
C20 M79 Y6 K0
明度高的色彩

C14 M9 Y86 K0
C20 M79 Y6 K0
C76 M44 Y26 K0
纯度高的色彩

C0 M0 Y0 K100
C0 M0 Y0 K70
明度、纯度均低的色彩

▲ 多色相组合的室内配色

明度是形成配色效果差异化的条件

明度是指色彩的明亮程度，明度越高的色彩越明亮，反之则越暗淡。白色是明度最高的色彩，黑色是明度最低的色彩。三原色中，明度最高的是黄色，蓝色明度最低。同一色相的色彩，添加白色越多明度越高，添加黑色越多明度越低。

在室内配色设计当中，明度高的色彩使人感到轻快、活泼，明度低的色彩则给人沉稳、厚重之感。另外，明度差异比较小的色彩互相搭配，可以塑造出优雅、稳定的室内氛围，使人感觉舒适、温馨；反之，明度差异较大的色彩互相搭配，会产生明快而富有活力的视觉效果。

▲ 色彩明度基调

纯度是改变空间配色印象的色彩要素

纯度指色彩的鲜艳程度，又叫饱和度、彩度或鲜度。原色的纯度最高，无彩色纯度最低，高纯度的色彩无论加入白色还是黑色，纯度都会降低。

在室内配色设计之中，纯度高的色彩往往给人鲜艳、活泼之感；纯度低的色彩给人或素雅，或沉稳之感。

色彩纯度表

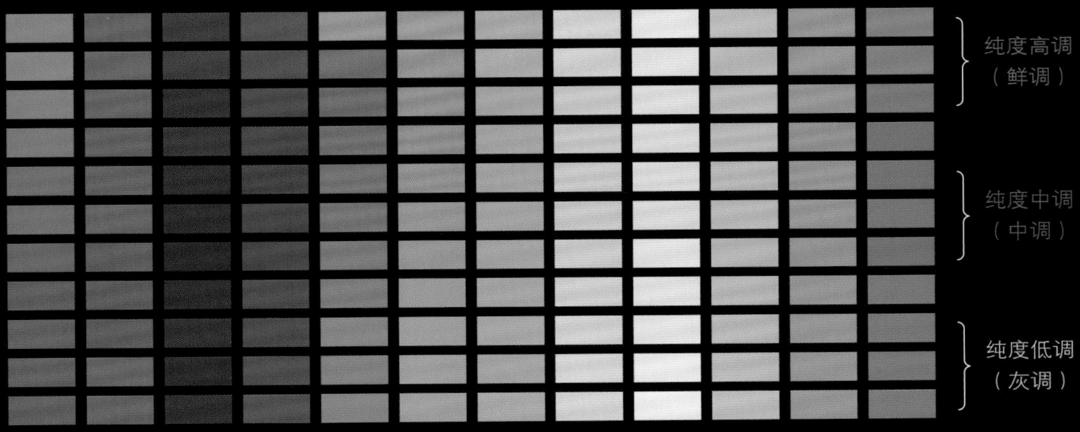

三、色彩的四种角色

色彩四种角色的比例关系

家居空间中的色彩，既体现在墙、地、顶，也体现在门窗、家具之上，同时窗帘、饰品等软装色彩也不容忽视。这些色彩扮演着不同角色，在家居配色中了解色彩的角色，合理区分，是成功配色的基础之一。

色彩的 4 种角色	
背景色 指占据空间中最大比例的色彩（占比 60%），通常为家居中的墙面、地面、顶面、门窗、地毯等大面积的色彩，是决定空间整体配色印象的重要角色	**主角色** 指居室内的主体物（占比 20%），包括大件家具、装饰织物等构成视觉中心的物体，是配色的中心
配角色 常陪衬于主角色（占比 10%），视觉重要性和面积次于主角色。通常为小家具，如边几、床头柜等，使主角色更突出	**点缀色** 指居室中最易变化的小面积色彩（占比 10%），如工艺品、靠枕、装饰画等。点缀色通常颜色比较鲜艳，若追求平稳感也可与背景色靠近

同一个空间中，色彩的角色并不局限于一种，如客厅中顶、地、墙的色彩往往不同，但均属背景色。一个主角色通常也会跟随多个辅助色，协调好色彩之间的关系在家居配色时十分重要。

从例图可以看出，墙面、地面的配色为背景色，沙发为主角色，辅助性家具为配角色，其他小面积色彩为点缀色

背景色
点缀色
点缀色
点缀色
主角色
点缀色
配角色
House Beautiful
GET THE LOOK!

背景色奠定了空间的色彩基调

在同一空间中，家具的颜色不变，只要更换背景色，就能改变空间的整体色彩感觉。**背景色由于具有绝对的面积优势，因此在一定程度上起着支配整体空间的效果。**在顶面、墙面、地面等所有的背景色界面中，因为墙面占据人的水平视线部分，往往是最引人注意的地方。因此，改变墙面色彩是改变色彩感觉最为直接的方式。

在家居空间中，背景色通常会采用比较柔和淡雅的色调，给人舒适感，若追求活跃感或者华丽感，则使用浓郁的背景色。另外，在空间配色设计时，若背景色与主角色是对比色搭配，则色相差异大，空间印象紧凑、有张力；若背景色与主角色属于相邻色搭配，则配色差异小，空间印象柔和、低调。

同一组物体不同背景色的区别

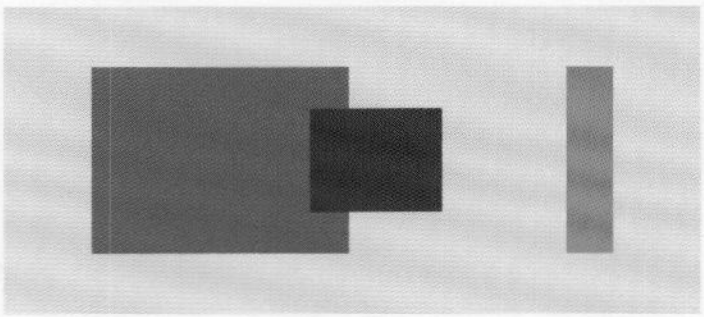

淡雅的背景色给人柔和、舒适的感觉

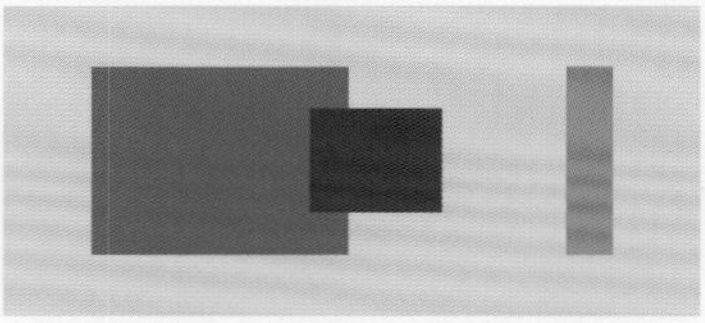

艳丽的纯色背景给人热烈的印象

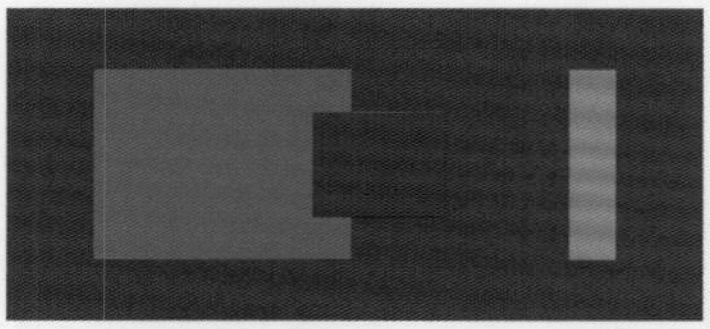

深暗的背景色给人华丽、浓郁的感觉

▲ 家具、装饰色彩不变，背景色为青绿色的空间显清爽、自然；背景色为灰色的空间具有现代、冷静的特质

主角色构成家居配色的中心点

不同空间的主角有所不同，因此主角色也不是绝对性的，但主角色通常是功能空间中的视觉中心。例如，客厅中的主角色是沙发，餐厅中的主角色可以是餐桌也可以是餐椅，而卧室中的主角色绝对是床。另外，在没有家具和陈设大厅或走廊，墙面色彩则是空间的主角色。

主角色的选择通常有两种方式，想要产生鲜明、生动的效果，则可以选择与背景色或配角色呈对比的色彩；想要整体协调、稳重，则可以选择与背景色、配角色相近的同相色或类似色。

空间配色可以从主角色开始

一个空间的配色通常从主要位置的主角色开始进行，例如选定客厅的沙发为红色，然后根据风格进行墙面即背景色的确立，再继续搭配配角色和点缀色，这样的方式主体突出，不易产生混乱感，操作起来比较简单。

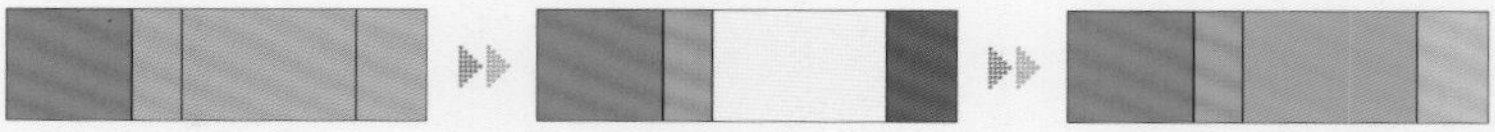

主角色确定为红色　　展开“融合型”配色　　展开“突出型”配色

C63 M73 Y70 K27

▼ 客厅中沙发占据视觉中心和中等面积，是多数客厅空间的主角色

C82 M56 Y16 K0

▲ 餐椅占据了绝对突出的位置，是开放式餐厅中的主角色

C46 M81 Y77 K9

▲ 卧室中，床是绝对的主角，具有无可替代的中心位置

C58 M58 Y63 K9

C59 M62 Y13 K9

▲ 玄关中没有引人注目的家具，因此墙面和柜体色彩成为主角色

配角色要使主角色更加突出

配角色的存在，是为了更好地映衬主角色，通常可以使空间显得更为生动，能够增添活力。两种角色搭配在一起，构成空间的“基本色”。

配角色通常与主角色存在一些差异，以凸显主角色。若配角色与主角色形成对比，则主角色更加鲜明、突出；若配角色与主角色相近，则会显得松弛。

通过对比凸显主角色的方法

蓝色为主角色，搭配相近色

提高两者的色相差

对比色，更加凸显了蓝色

✕ 主角色与配角色相近

主角色 C0 M0 Y0 K20

配角色 C0 M0 Y0 K0

空间配色虽然干净，但由于配角色与主角色相近，整体配色显得有些松弛

✓ 主角色与配角色对比明显

主角色 C45 M25 Y21 K0

配角色 C3 M46 Y41 K0

配角色与主角色存在明显的明度差，主角色更显鲜明、突出

点缀色使空间配色更生动

点缀色通常是一个空间中的点睛之笔，用来打破配色的单调。对于点缀色来说，它的背景色就是它所依靠的主体，例如，沙发靠垫的背景色就是沙发装饰画的背景就是墙壁。因此，点缀色的背景色可以是整个空间的背景色，也可以是主角色或者配角色。

在进行色彩选择时，通常选择与所依靠的主体具有对比感的色彩，来制造生动的视觉效果。若主体氛围足够活跃，为追求稳定感，点缀色也可与主体颜色相近。

通过对比凸显主角色的方法

搭配点缀色时，注意点缀色的面积不宜过大，面积小才能够加强冲突感，提高配色的张力。

✗ 红色的面积过大，产生了强烈的视觉的效果

✓ 缩小红色的面积，起到画龙点睛的作用

✓ 点缀色与主体色对比明显

C25 M51 Y42 K0

C55 M44 Y40 K0

C0 M0 Y0 K100

沙发色彩为高明度茱萸粉，抱枕为明度相对较低的黑色、灰色，配色层次丰富

✓ 点缀色与主体色相融合

C0 M0 Y0 K20

沙发色彩为高纯度灰色，抱枕利用同色系做点缀，配色融合度很高

四、色相型配色

同相型 / 同类型配色，和谐、统一

1 同相型配色

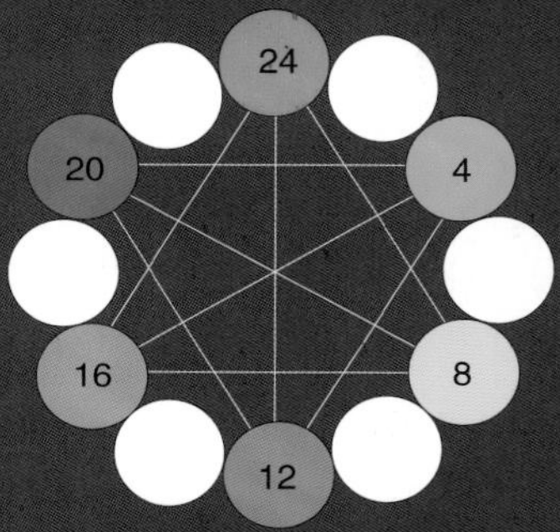

以图中 24 号红色为例，加入黑色或白色，改变其色彩的明度、纯度，出现的色彩均为其同相型配色

同相型配色是指采用同一色相中不同纯度、明度的色彩相搭配进行设计。在室内设计中，若出现浅灰绿墙面、翠绿色窗帘、亮丽绿色组合家具的设计，即属于同相型配色。

同相型配色是典型的调和色，具有执着感，较容易取得协调效果，形成稳重、平静的空间氛围。同相型配色虽然没有形成颜色的层次，但形成了明暗层次。因此，**不同的色相也会对空间产生不同印象，如暖色使人感觉温暖，冷色使人感觉平静等。**

同相型配色虽然容易掌握，但也有不足之处，如搭配方式保守、沉闷、单调。这时可以通过利用质地、纹理、光与影的差别形成一定变化。例如，绿色基调的空间，翠绿色窗帘可以选择纹路清晰的面料，沙发上的绿色系抱枕选择植绒或丝缎材质等。

1 红色常见的同相型配色

品　红	洋　红	宝石红	玫瑰红	贝壳粉
山茶红	玫瑰粉	浓　粉	紫红色	珊瑚粉

2 橙色常见的同相型配色

橙　色	柿子色	橘黄色	太阳橙	蜂蜜色
杏黄色	伪装沙	浅茶色	椰棕色	浅土色

3 黄色常见的同相型配色

金盏花	铬　黄	茉　莉	淡黄色	香槟黄
月亮黄	鲜黄色	含羞草	黄土色	芥　子

4 绿色常见的同相型配色

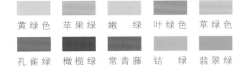

黄绿色	苹果绿	嫩　绿	叶绿色	草绿色
孔雀绿	橄榄绿	常青藤	钴　绿	翡翠绿

5 蓝色常见的同相型配色

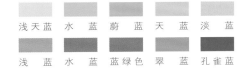

浅天蓝	水　蓝	蔚　蓝	天　蓝	淡　蓝
浅　蓝	水　蓝	蓝绿色	翠　蓝	孔雀蓝

6 紫色常见的同相型配色

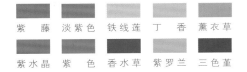

紫　藤	淡紫色	铁线莲	丁　香	薰衣草
紫水晶	紫　色	香水草	紫罗兰	三色堇

C30 M31 Y43 K0　C46 M16 Y21 K0　C34 M2 Y8 K0

▲ 同相型冷色搭配，空间印象清爽、冷静

C7 M21 Y87 K0　C20 M42 Y61 K0　C15 M47 Y82 K0

▲ 同色相暖色搭配，空间印象温暖、明媚

2 同类型配色

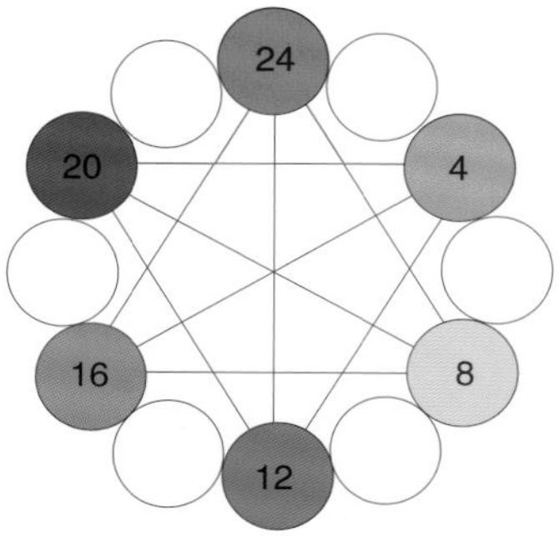

以图中 24 号红色为例，与之临近的 4 号橙色、20 号紫色均为其同类型配色

同类型配色是指用色相环上相邻的色彩搭配进行设计，即成 60° 范围内的色相都属于同类型。

同类型配色也是一种调和色搭配，这种配色关系比同相型配色的色相幅度有所扩大，仍具有稳定、内敛的效果，但会显得更加开放一些。例如，用黄色搭配红色，比单纯的同相型红色搭配要丰富。此种色相型配色适合喜欢稳定中带有一些变化的人群，不会太活泼但具有层次感。

进行同类型配色时，需要控制好色彩之间的比例，不建议平均使用两种色彩。应以一种色彩为主，另一种色彩做点缀使用，更能获得和谐效果，并使空间中的色彩主次更突出。例如，白色沙发上点缀蓝色和绿色两种靠垫，若面积相同则视觉焦点弱化；若以蓝色为主，绿色点缀，沙发整体会更醒目。

同类型配色的扩展

在 24 色相环上，一般 4 份左右的色彩为同类型配色的标准，但如果在色相环内同为冷暖色范围，8 份差距也可归为同类型配色。

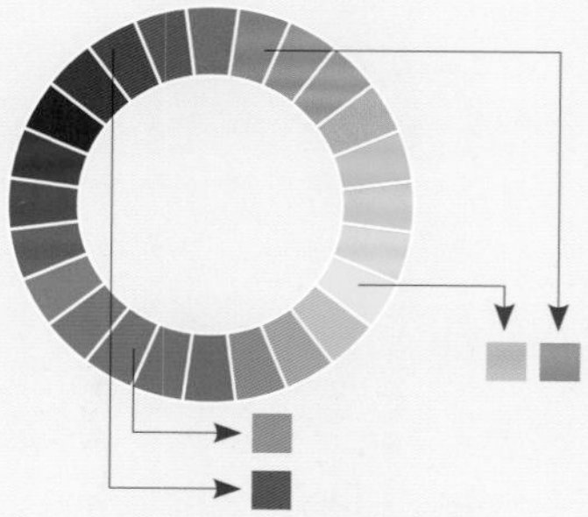

8 份差距的同类型配色

1 常见的 4 份差距同类型配色

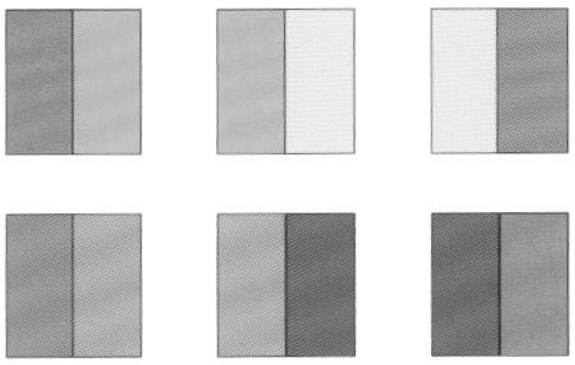

2 常见的 8 份差距同类型配色

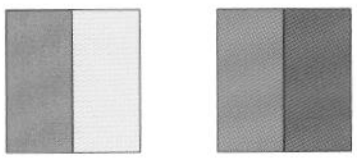

C21 M17 Y72 K0　　C70 M20 Y33 K0

▲ 卧室大面积配色为 4 份差距的同类型配色，稳定、冷静

▲ 客厅的软装配色为 8 份差距的同类型配色，温馨且富有变化

C46 M100 Y87 K17　　C28 M22 Y63 K0

对决型 / 准对决型配色，强烈、冲突

1 对决型配色

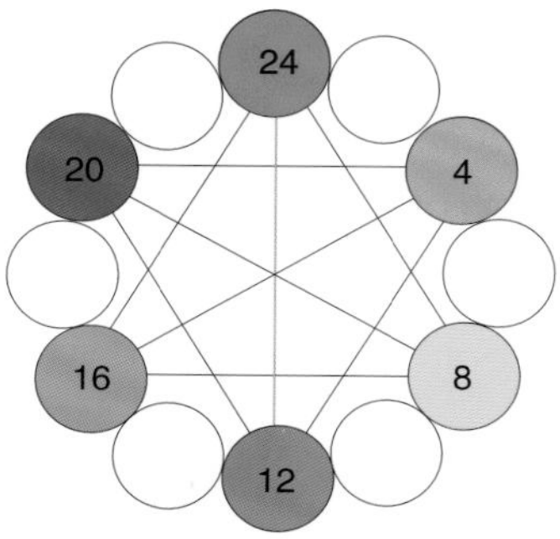

以图中 24 号红色为例，与之相对的 12 号绿色，为其对决型配色

对决型是指在色相环上位于 180° 相对位置上的色相组合，如红、绿，黄、紫，橙、蓝。由于色相差大，视觉冲击力强，因此可以给人深刻的印象，也可以营造出活泼、华丽的氛围。

在家居设计时，如果把对决型两种颜色的纯度都设置得高一些，搭配起来效果很惊人，两种颜色都会被对方完好地衬托出特征，展现出充满刺激性的艳丽色彩印象。

但需要注意的是，对决型配色不建议在家庭空间中大面积使用，对比过于激烈，长时间会让人产生烦躁感和不安情绪。可以调整配比面积，例如，穿一件紫色长款风衣，拿一个黄色小包作为跳色，时尚而靓丽；但如果穿红色上衣，搭配绿色裤子，则令人觉得有些刺眼。这就是面积比带给人的视觉变化。这种视觉性产生的配色影响，同样适用于家居设计中。

另外，想要降低对决型带来的视觉冲击感，也可以适当降低两种色彩的纯度。在更多情况下，对决型搭配需要调和色来进行柔化。只要将对决色隔离，就不会觉得刺眼；最简单的方法是，加入利用黑、白、灰作为空间中的主色，对比型配色作为配色出现，注意力很容易被分散。

C15 M78 Y75 K0　C62 M19 Y22 K0

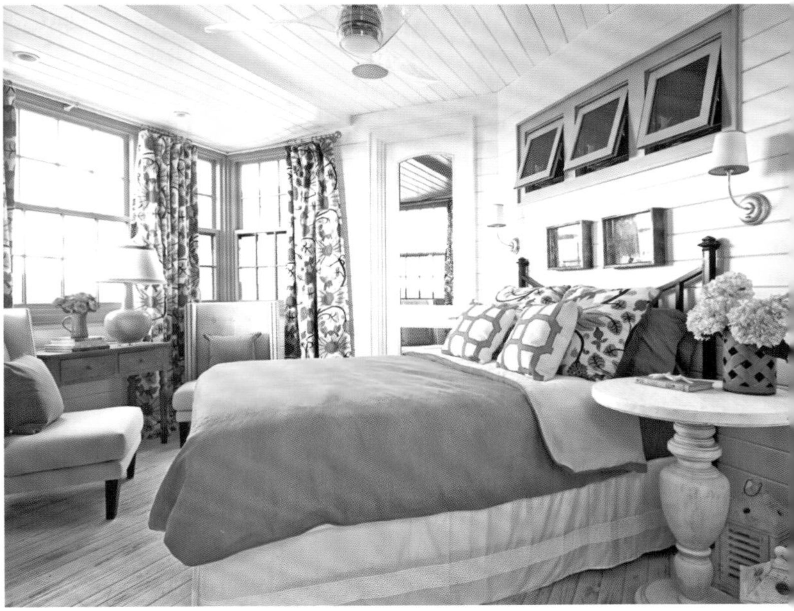

C21 M88 Y21 K0　C39 M0 Y77 K0

对决型配色充满张力，给人舒畅感和紧凑感。

1 红和绿搭配的各种配色情况

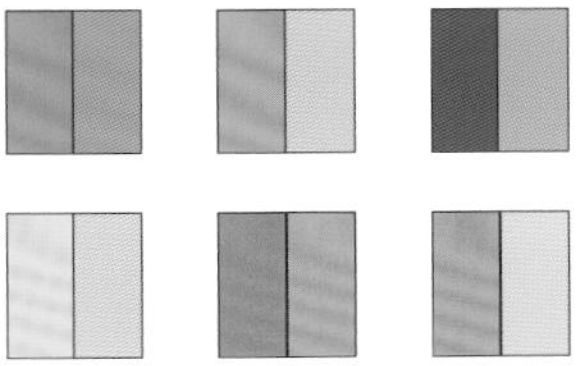

2 蓝和橙搭配的各种配色情况

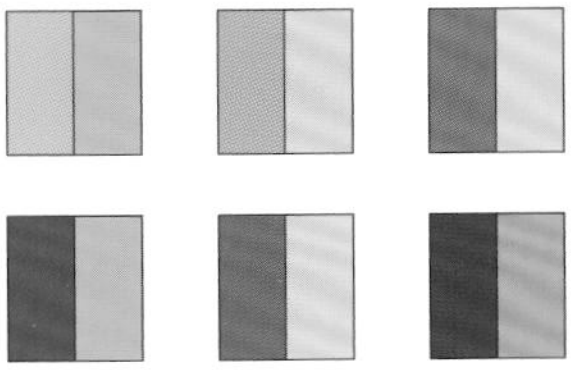

3 紫和黄搭配的各种配色情况

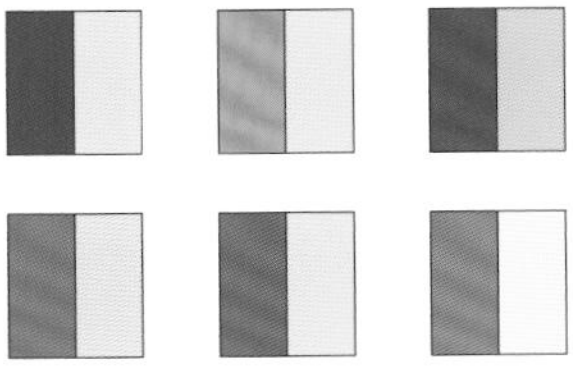

2 准对决型配色

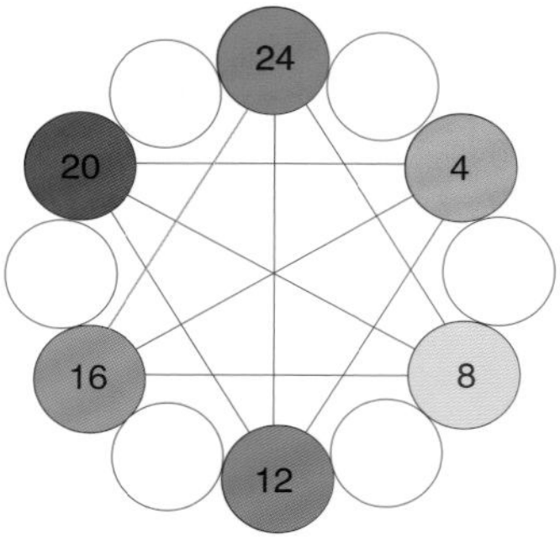

以图中 24 号红色为例，与之相对的 16 号蓝色，为其准对决型配色

准对决型配色是指在色相冷暖相反的情况下，将一个色相作为基色，与 120° 左右位置的色相所组成的配色关系。

准对决型配色形成的氛围与对决型配色类似，但冲突性、对比感、张力降低，兼有对立与平衡的感觉。例如，红色与蓝色搭配既能引起视觉注意，相对于红色与绿色搭配又有所缓和，可以作为主角色或配角色使用，若作为背景色则不宜等比例或大面积使用。在家居配色中，如果寻求少量色彩的强烈冲击感，可以尝试使用准对决型配色来营造。例如，在家居软装搭配中，可以选择蓝色布艺沙发，搭配 1~2 个红色和白色抱枕，既能使空间色彩更为立体，又不会过于刺激。或者在儿童房中，选择蓝色作为背景色时，可以利用带有明度变化的竖条纹壁纸，搭配卡通图案的红色床品。

1 红和蓝搭配的各种配色情况

2 蓝和黄搭配的各种配色情况

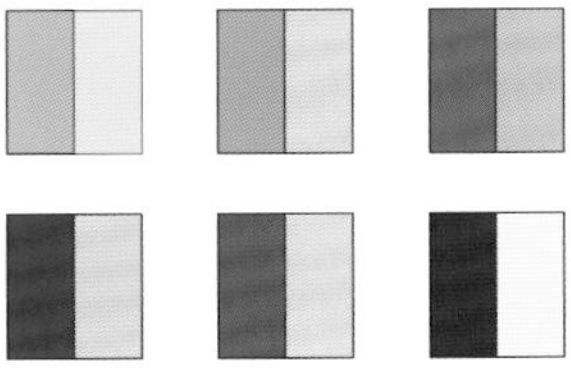

3 紫和橙搭配的各种配色情况

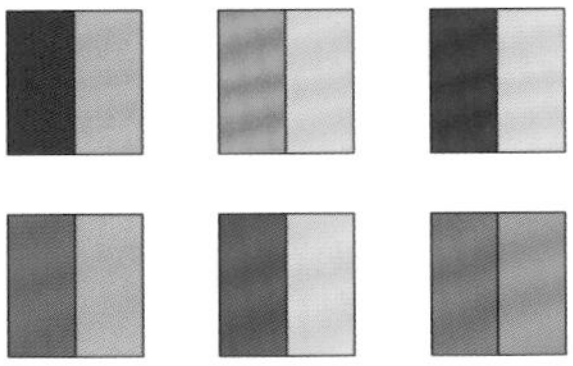

C23 M29 Y89 K0　　C78 M31 Y14 K0

C15 M95 Y88 K0　　C75 M56 Y11 K0

▲ 准对决型配色充满色彩对比，但相对较为柔和

三角型 / 四角型配色，稳定、多样

1 三角型配色

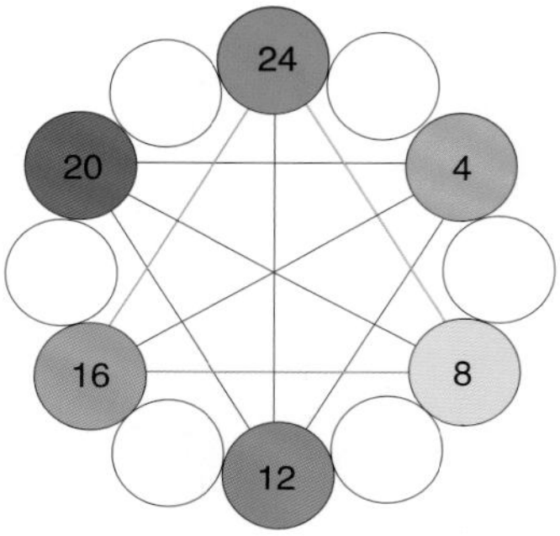

以图中 24 号红色为基准，与之形成正三角型的 16 号蓝色、8 号黄色，组成三角型配色

三角型配色是指采用色相环上位于正三角形（等边三角形）位置上的三种色彩搭配的设计方式。只有三种在色相环上分布均衡的色彩才能产生这种不偏斜的平衡感。

三角型配色最具平衡感，具有舒畅、锐利又亲切的效果。**最具代表性的是三原色组合，具有强烈的动感，三间色的组合效果则温和一些。**

在进行三角型配色时，可以尝试选取一种色彩作为纯色使用，另外两种做明度或纯度上的变化，这样的组合既能够降低配色的刺激感，又能够丰富配色的层次。如果是比较激烈的纯色组合，最适合的方式是作为点缀色使用，太大面积的对比感比较适合追求前卫、个性的人群，并不适合大众。

1 常见的纯色三角型搭配

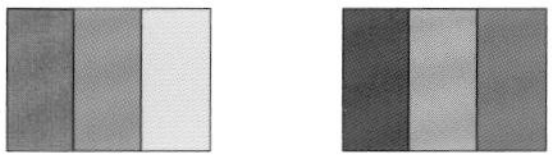

2 常见的混合色三角型搭配

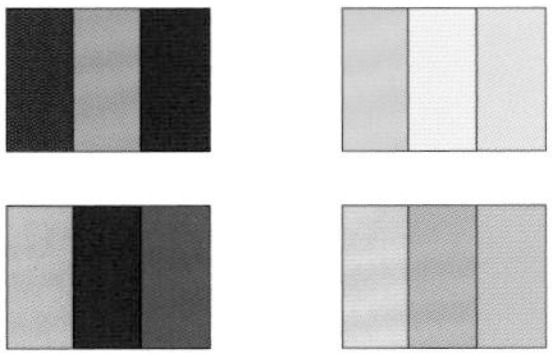

C90 M95 Y78 K21　C27 M35 Y95 K0　C90 M65 Y8 K0

C48 M76 Y97 K13　C48 M80 Y27 K0　C71 M57 Y100 K21

▲ 三角型配色视觉冲击力强，但比较稳定

2 四角型配色

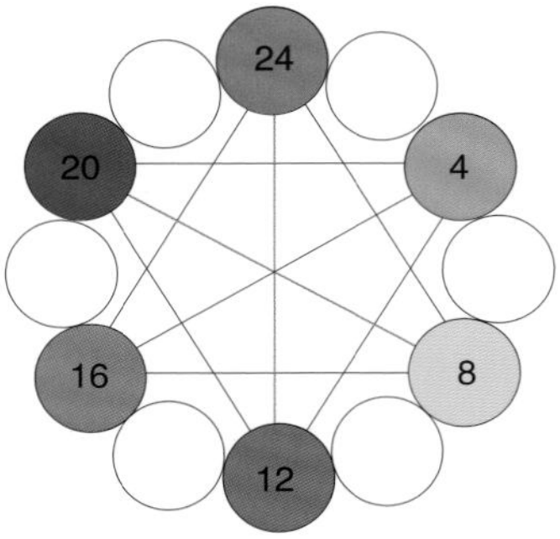

图中 24 号、12 号，20 号、8 号为两组对决型组成的四角型配色

四角型配色是指将两组对决型或准对决型搭配的配色方式，用更直白的公式表示可以理解为：对决型 / 准对决型 + 对决型 / 准对决型 = 四角型。

四角型配色可以营造醒目、安定，同时又具有紧凑感的空间氛围，比三角型配色更开放、活跃一些，是视觉冲击力最强的配色类型。

四角型配色能够形成极具吸引力的效果，暖色的扩展感与冷色的后退感都表现得更加明显，冲突也更激烈，最使人感觉舒适的做法是小范围地将四种颜色用在软装饰上，例如沙发靠垫。**如果大面积地使用四种颜色，建议在面积上分清主次，并降低一些色彩的纯度或明度，减弱对比的尖锐性。**

常见的四角型配色

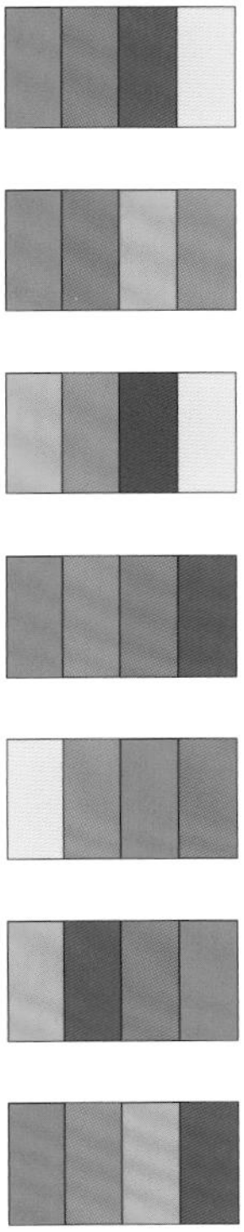

C8 M87 Y7 K0

C77 M8 Y90 K0

C13 M5 Y46 K0

C69 M20 Y7 K0

▲ 四角型配色活泼、生动，可对色彩进行明度调节，增加和谐感

全相型配色，自由、无拘束

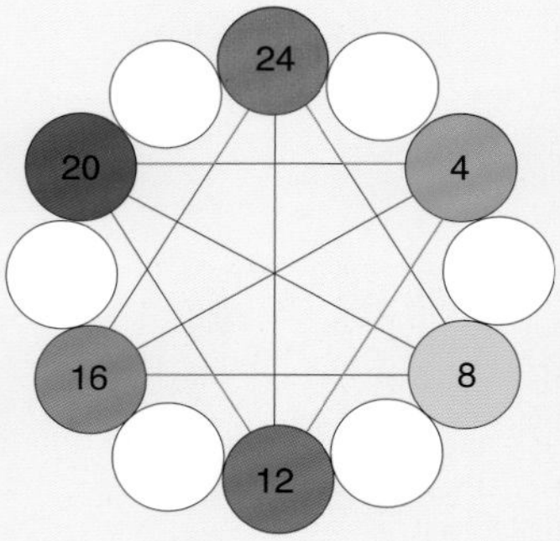

图中 24 号、20 号、4 号、12 号、16 号为五相型配色

全相型配色是所有配色方式中最开放、华丽的一种，使用的色彩越多就越自由、喜庆，具有节日气氛，通常使用的色彩数量有五种就会被认为是全相型。活泼但不会显得过于激烈地使用五色全相型，最适合的办法是用在小装饰上。

没有任何偏颇地选取色相环上的六种色相组成的配色就是六色全相型，是色相数量最全面的一种配色方式，包括两种暖色、两种冷色和两种中性色，比五色更活泼一些。选择一件本身就是六色全相型的家具或布艺，是最不容易让人感觉混乱的设计方式。

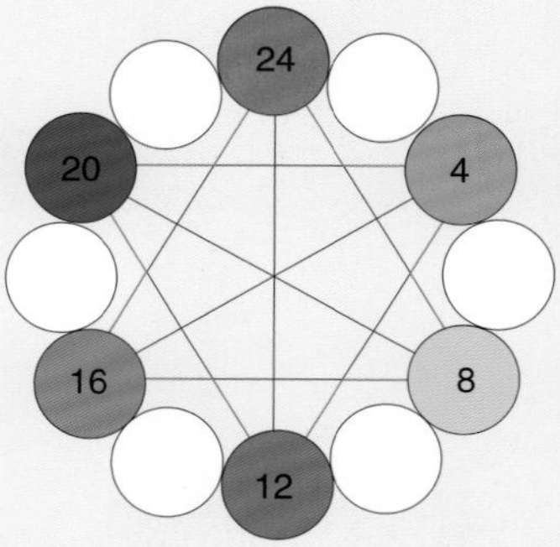

图中 24 号、4 号、8 号、12 号、16 号、20 号为六相型配色

C16 M75 Y71 K0
C75 M32 Y61 K0
C100 M99 Y62 K45

C25 M18 Y64 K0
C61 M94 Y51 K10

▲ 五相型配色极具艺术化气息，个性十足

C9 M91 Y93 K0
C51 M5 Y7 K0
C97 M92 Y26 K0

C24 M15 Y87 K0
C79 M35 Y60 K0
C33 M86 Y4 K0

▲ 六相型配色的地毯为空间注入了活力与时尚气息

五、色调型配色

纯色调，纯粹、鲜艳

纯色调是没有掺杂任何白色、黑色或灰色的色调，因为没有混入其他颜色，因此最鲜艳、纯粹，具有强烈的视觉吸引力；也正因为如此，纯色调会显得比较刺激，在家居中大面积使用时要注意搭配。

纯色调代表的**积极意义**

浓厚 热情 力量 开放 活力 积极

纯色调代表的**消极意义**

激烈 花哨 肤浅 低档

运用解析

配色时可以纯色为主色，搭配饱和度低的色彩为辅助色。

明色调 / 淡色调，柔和、干净

1 明色调

纯色调中加入少量白色形成的色调为明色调，鲜艳度比纯色调有所降低，并减少了热烈与娇艳的程度。同时，由于色彩中完全不含灰色和黑色，所以显得更通透、纯净，是一种深受大众喜爱的色调。

明色调代表的**积极意义**

开放 清澈 纯真 舒适 年轻 轻松 明快 平和

明色调代表的**消极意义**

廉价 轻浮 浮躁

C43 M10 Y19 K0

运用解析

明色调非常适合大众，可以和补色进行搭配，得到开放感的同时，也可以给人明快、华美的印象。

2 淡色调

纯色调中加入大量白色形成的色调为淡色调，由于没有加入黑色和灰色，并将纯色的鲜艳度大幅度减低，因此显得如婴儿般轻柔。这种色彩十分适合女性及儿童空间，可以表达出天真烂漫的家庭氛围。

淡色调代表的积极意义

温柔 梦幻 淡雅 柔软 浪漫 纤巧

淡色调代表的消极意义

廉价 轻浮 柔弱

运用解析

为了避免大量淡色调运用而致使空间寡淡，可以用少量明色调来做点缀。

暗浊色调 / 浓色调 / 暗色调，庄严、厚重

1 暗浊色调

纯色加入深灰色形成的色调为暗浊色调，兼具了暗色的厚重感和浊色的稳定感，给人沉稳、厚重的感觉。暗浊色调能够塑造出朴素且具有品质感的空间氛围，是一种比较常见的表达男性的色彩印象。

暗浊色调代表的积极意义

成熟 古朴 稳定 稳重 安静 朴素

暗浊色调代表的消极意义

世故 保守

运用解析

为了避免暗浊色调带来的空间暗沉感，可以用适量的明色调来作为点缀色。

C46 M59 Y52 K0

2 浓色调

纯色中加入少量黑色形成的色调为浓色调，由健康的纯色和厚实的黑色组合而成，给人以力量感和豪华感，与活泼、艳丽的纯色调相比，更显厚重、沉稳和内敛，并带有品质感。

浓色调代表的**积极意义**

豪华 沉稳 内敛 动感 强力 厚重

浓色调代表的**消极意义**

疏离 压抑

C37 M47 Y100 K0

运用解析

为了减轻浓色调的沉重感，可以用大面积白色或灰色来融合，通过色调之间的明暗对比来增加一些明快感。

3 暗色调

纯色加入大量黑色形成的色调为暗色调，是所有色调中最威严、厚重的色调，融合了纯色调的健康感和黑色的内敛感。暗色调能够塑造出严肃、庄严的空间氛围。如果是暖色系暗色调，则具有浓郁的传统韵味。

暗色调代表的积极意义

古老 安稳 坚实 传统 复古 坚实

暗色调代表的消极意义

黯沉 压抑 刻板

C88 M75 Y61 K32

运用解析

主角色选择暗色调适合各种面积的空间，若能加入少量明色调作为点缀色，可以中和暗色调的暗沉感。

微浊色调 / 明浊色调，素净、典雅

1 微浊色调

纯色加入少量灰色形成的色调为微浊色调，兼具了纯色调的健康和灰色的稳定，能够表现出具有素净感的活力，以及都市感。这种色调比起纯色调的刺激感有所降低，很适合表现高品位、有内涵的家居氛围。

微浊色调代表的**积极意义**

朴素 高级 素净 雅致 内涵 高雅

微浊色调代表的**消极意义**

乏味 寡淡

运用解析

选择微浊色调作为主角色时，可以搭配明浊色调的配角色，来塑造出素雅、温和的色彩印象。

C50 M19 Y17 K0

2 明浊色调

明色调中加入一些明度高的灰色形成的色调为明浊色调，此种色调的感觉与淡色调接近，但比起淡色调的纯净来说，由于加入了少量灰色，具有了都市感和高级感，能够表现出优美和素雅。

明浊色调代表的**积极意义**：现代　冷静　都市　高端　高雅

明浊色调代表的**消极意义**：消极　冷漠

C49 M34 Y36 K0

运用解析

利用少量微浊色调来搭配明浊色调，既可以丰富空间层次，又可以使空间显得稳重。

色彩在家居空间中的表现常受制于一些因素，如家居材料、空间光源、形态图案、软装搭配、空间功能等，只有色彩与这些因素和谐共存时，家居配色才能满足赏心悦目与实用的要求，进而塑造出宜居好住的室内空间。

CHAPTER 2

认识色彩与室内环境的基本关系，别把颜色“孤立”开来

一、色彩与空间

色彩在不同功能空间中的运用

1　客厅配色

客厅色彩是家居设计中非常重要的一个环节，从某种意义上来说，客厅配色是整个居室色彩定调的中心辐射轴心。一般来说，客厅色彩最好以反映热情好客的暖色调为基调，颜色尽量不要超过三种（黑、白、灰除外），如果觉得三种颜色太少，可以调节色彩的明度和彩度。同时，客厅配色可以有较大的色彩跳跃和强烈对比，用以突出重点装饰部位。

C32 M34 Y77 K0

▲ 暖色为主，温暖、明亮

C12 M14 Y80 K0　C66 M75 Y84 K46

C0 M0 Y0 K100

▲色彩对比强烈，艺术化气息浓郁

另外，客厅墙面色彩是需要重点考虑的对象。首先，可以根据客厅的朝向来定颜色。如果怕出错，则可以运用白色作为墙面色彩，无论搭配任何色彩均十分和谐。其次，墙面色彩要与家具、室外的环

2 餐厅配色

餐厅是进餐的专用场所，具体色彩可根据家庭成员的爱好而定，一般应选择暖色调，如深红色、橘红色、橙色、黄色等，其中尤其以纯色调、淡色调、明色调的橙黄色最适宜。这类色彩有刺激食欲的功效，不仅能给人温馨感，还能提高进餐者兴致。另外，餐厅应避免暗沉色用于背景墙，会带来压抑感。但如果比较偏爱沉稳的餐厅氛围，可以考虑将暗色用于餐桌椅等家具，或部分墙面及顶面造型中。

▲ 黄色系背景墙的餐厅，温馨感十足　C24 M25 Y66 K0

餐厅色彩搭配除了需特别注意墙面配色，桌布色彩也不容忽视。一般来说，桌布选择纯色或多色搭配均可。但在众多色彩中，选择蓝色的桌布色彩是不讨喜的。这是由于蓝色属于冷色调，食物摆放在蓝色桌布上，会令人食欲大减。另外，也不要在餐厅内装蓝色情调灯。科学证明，蓝色灯光会让食物看起来不诱人。如果想营造清爽型或者地中海风格的餐厅，可以把蓝色适当用于墙面、餐椅等点缀上。

▲ 将蓝色用在餐椅上，提升配色层次　C95 M76 Y38 K2

3 卧室配色

卧室色彩应尽量以暖色调和中性色为主，过冷或反差过大的色调使用时要注意量的把握，不宜过多。另外，**卧室色彩不宜过多，否则会带来视觉上的杂乱感，影响睡眠质量，一般 2~3 种色彩即可。**

卧室顶部多用白色，显得明亮；地面一般采用深色，避免和家具色彩过于接近，会影响空间的立体感和线条感。卧室家具色彩要考虑与墙面、地面等颜色的协调性，浅色家具能扩大空间，使房间明亮、爽洁；中等深色家具可使房间显得活泼、明快。

另外，主卧是居室中最具私密性的房间，一般很少会让外人进入。在进行色彩设计时，可以充分结合业主喜好搭配；而次卧配色一般可以沿袭主卧基调，保持风格上的统一感，之后略做简化处理。

C0 M0 Y0 K0　C27 M24 Y26 K0　C73 M73 Y49 K47
C37 M44 Y39 K0　C64 M34 Y84 K0

◀无色系为主色，高级感十足，浊调粉色床品则提亮了整体配色

C91 M68 Y0 K0　C56 M9 Y17 K0
C5 M52 Y80 K0　C12 M38 Y20 K0
C0 M0 Y0 K100　C0 M0 Y0 K0

▲ 用暖色和无色系中和冷色，卧室配色时尚而不显清冷

4 厨房配色

厨房处于高温操作环境中，最好选择浅色调作为主要配色，可以有效“降温”。浅色调还具备扩大延伸空间感的作用，使厨房看起来不显局促。大面积浅色调既可以用于顶面、墙面，也可以用于橱柜，只需保证用色比例在60%以上即可。另外，由于厨房中存在大量金属厨具，缺乏温暖感，因此橱柜色彩宜温馨，其中原木色橱柜最适合。

空间大、采光足的厨房，可选用吸光性强的色彩，这类低明度色彩给人沉静之感，也较为耐脏；反之，空间狭小、采光不足的厨房，相对适合用明度和纯度较高，反光性较强的色彩，这类色彩具有空间扩张感，在视觉上可弥补空间小和采光不足的缺陷。需要注意的是，**无论厨房大小，都应尽量避免大面积深色调，导致出现沉闷和压抑感；同时不宜使用明暗对比十分强烈的颜色来装饰墙面或顶面，会使厨房面积在视觉上变小。**

C85 M79 Y54 K21　C76 M47 Y51 K1

▲ 空间大、采光好的厨房可适量使用暗色调

C0 M0 Y0 K0　C46 M52 Y66 K0

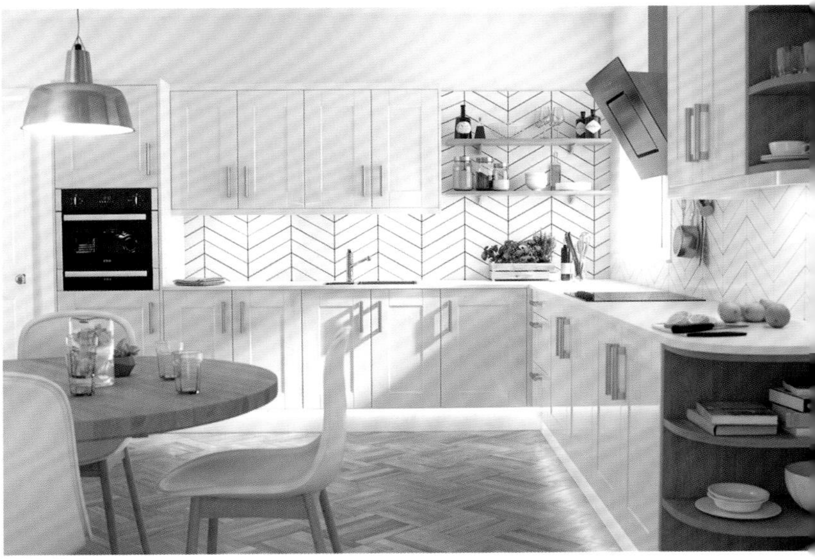

▲ 小面积厨房尽量用白色和木色，温馨又明亮

5 卫浴配色

卫浴对于色彩的选择并没有什么特殊禁忌，仅需注意缺乏透明度与纯净感的色彩要少量运用，而干净、清爽的浅色调非常适合卫浴。在适合大面积运用的色调中，如果再运用其中的冷色调（蓝、绿色系）来布置卫浴更能体现出清爽感，而像无色系中的白色也是非常适合卫浴大面积使用的色彩，但灰色和黑色最好作为点缀出现。

卫浴的墙面、地面在视觉上占有重要地位，颜色处理得当有助于提升装饰效果。一般有白色、浅绿色等。材料可以是瓷砖或马赛克，一般以接近透明液体的颜色为佳，可以有一些淡淡的花纹。

C0 M0 Y0 K0　C32 M41 Y50 K0　C38 M16 Y10 K0

▲ 蓝色、木色和白色形成干净、通透的卫浴空间

C44 M24 Y64 K0　C29 M69 Y93 K0

▲ 绿色和木色组合，卫浴空间自然感十足

C0 M0 Y0 K0

▲ 白色使空间看起来更宽敞，镜面和玻璃则有效扩容卫浴面积

C0 M0 Y0 K0　C0 M0 Y0 K100

▲ 加入黑色点缀的卫浴，稳定感更强

6 书房配色

书房是学习、思考的空间，宜多用明亮的无彩色或灰棕色等中性色，避免强烈、刺激的色彩。家具和饰品的色彩可与墙面保持一致，并在其中点缀一些和谐色彩，如书柜里的小工艺品、墙上的装饰画等，这样可打破略显单调的环境。

C0 M0 Y0 K0　C10 M22 Y36 K0　C14 M90 Y79 K0

▲ 在整体素淡的配色中加入红色座椅点缀，书房氛围沉稳又灵动

7 玄关配色

玄关是从大门进入客厅的缓冲区域，一般面积不大，且光线相对暗淡，因此最好选择浅淡色彩，可以清爽的中性偏暖色调为主。如果玄关与客厅一体，则可保持和客厅相同的配色，但依然以白色或浅色为主。在具体配色时，可遵循吊顶颜色最浅，地板颜色最深，墙壁颜色介于两者之间作为过渡形式，能带来视觉上的稳定感。

C0 M0 Y0 K0　C56 M60 Y80 K10　C42 M16 Y20 K0　C0 M0 Y0 K100

▲ 地面花砖是玄关的视觉中心，丰富配色也能稳定配色

利用色彩改善不理想空间

1 利用色彩改善空间的技巧

家居空间难免会出现各式各样的问题，如采光不足、层高过低等，除了利用拆改进行改善，色彩在一定程度上也具备改善空间缺陷的作用。这是由于在色彩中，有看起来膨胀感的色彩，也有看起来收缩感的色彩；有显高的色彩，也有降低空间感的色彩。利用色彩的这些特点，可以从视觉上对空间大小、高矮进行调整。

将色相、明度和纯度结合起来对比，会将色彩对空间的作用看得更加明确。暖色相和冷色相对比，前者前进、后者后退；相同色相的情况下高纯度前进、低纯度后退，低明度前进、高纯度后退。暖色相和冷色相对比，前者膨胀、后者收缩；相同色相的情况下高纯度膨胀、低纯度收缩，高明度膨胀、低明度收缩。

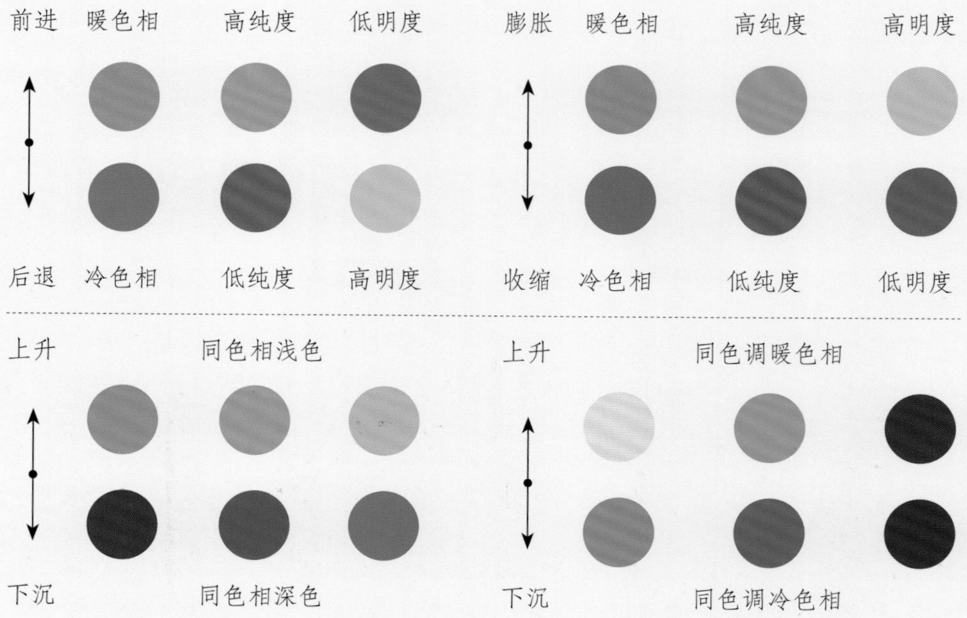

常见的改善空间色彩种类

前进色

前进色适合在让人感觉空旷的房间中用作背景色，能够避免寂寥感

膨胀色

在略显空旷感的家居中，使用膨胀色家具，能够使空间看起来更充实

重色

相同色相深色感觉重，在相同纯度和明度的情况下，冷色系感觉重。当空间过高时，吊顶采用重色，地板采用轻色

后退色

后退色能够使空间看起来更宽敞，适合在小面积空间或非常狭窄的空间用作背景色

收缩色

在窄小的家居空间中，使用此类色彩的家具，能使空间看起来更宽敞

轻色

相同色相浅色有上升感，相同纯度和明度暖色较轻，有上升感。空间较低，吊顶用轻色，地板用重色

2 采光不佳的空间配色调整

房间的采光不好，除了拆除隔墙增加采光外，还可以通过色彩来增加采光度，如选择白色、米色等浅色系，避免暗沉色调及浊色调。同时，要降低家具的高度，材料上最好选择带有光泽度的建材。大面积的浅色系地板、瓷砖材料能很好地改善空间采光不足的问题。

另外，浅色材料具有反光性，能够调节居室暗沉的光线。但大面积浅色地面，难免会令空间显得过于单调，因此可以在空间的局部加重色点缀。

适宜配色

白色系

作为基础色，有很好的反光度；若觉得纯白太过单一，可尝试进行白色系的组合搭配。

黄色系

本身具有阳光色泽，非常适合采光不好的户型，最好选择鹅黄色系。

蓝色系

具有清爽、雅致的色彩印象，能够突破居室烦闷氛围，宜选择纯度高或明度高的蓝色调。

同一色调

同一色调会自然而然地扩增人们的视野范围，同时也能提高空间亮度，色调上最好采用淡雅色调或木色。

成功改善方案

▼ 背景色白色为没有直接光源的间隔空间带来了明朗之感

▲ 亮黄色背景墙为采光不足的卧室带来了暖意，弱化了户型缺点

▲ 间隔空间中运用淡色调蓝色作为背景墙色彩，清爽不压抑

▲ 玄关处的门、收纳柜及地面采用了明度不同的木色系，同一色调有效化解空间缺陷

3　层高过低的空间配色调整

层高过低的户型会给人带来压抑感，给居住者带来不好的居住体验。由于不能像层高过高的户型那样做吊顶设计，因此针对过低层高的家居，最简洁有效的方式就是通过配色来改善户型缺陷，其中以浅色吊顶的设计方式最为有效。在设计时，顶、墙、地都可以选择浅色系，但可以在色彩的明度上进行变化。

适宜配色

浅色吊顶 + 深色墙面

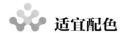

吊顶为白色、灰白色或浅冷色，在视觉上提升层高，墙壁为对比较强烈的色彩，但黑色等暗色调不适合墙面，容易形成压抑感

浅色系

浅色系相对于深色系具有延展感，可以顶、墙、地都选择浅色系，并在色彩明度上进行变化

同色相深浅搭配

同色相深浅搭配具有延展性，可在视觉上拉伸层高；适宜选择明度较高的蓝色、绿色等，可令空间显轻快

不同色相深浅搭配

有别于同色相深浅搭配，过多色彩会令空间显杂乱，应不超过 3 种，且其中一种颜色最好为无彩色

成功改善方案

▼ 同一色系不同明度的竖条纹壁纸可以有效拉升空间层高

▲ 紫色墙面与白色顶面对比强烈，视觉上增加空间高度

▲ 淡雅背景色有效化解层高过低的缺陷，亮色软装则丰富了空间色彩内容

▲ 空间墙面运用不同色相深浅搭配营造视觉变化，缓解层高过低的压抑感

4 狭小型空间配色调整

狭小型空间最主要配色诉求就是想办法把空间变大。最佳的色彩选择为彩度高、明亮的膨胀色，可以在视觉上起到“放大”空间的作用。另外，也可以把特别偏爱的颜色用在主墙面，其他墙面搭配同色系的浅色调，就可以令狭小的空间产生层次延伸感。

适宜配色

膨胀色

多为黄、红、橙等暖色调，可用作重点墙面的配色或重复的工艺品配色

白色系

白色为背景色，再用浅色系作为主角色或配角色，可通过软装色彩变化丰富空间层次

浅色系

包括鹅黄、淡粉、浅蓝等，可用作背景色，再用同类色作为主角色、配角色及点缀色，但整体家居色彩要尽量单一

中性色

如沙色、石色、浅黄色、灰色、浅棕色等，常用作背景色；比例为 3/5 浅色墙面 +2/5 中性色墙面，再用一点儿深色增加配色层次

成功改善方案

▲ 墙面小面积使用亮黄色，具有膨胀感，使小空间层次感更分明

▲ 白色为背景墙，令小空间显得通透、素洁；不同色彩的布艺软装则增添了空间活力

▲ 干净的蓝色做背景色，搭配类似型绿色，令小空间配色更丰富

▲ 木色家具视觉上形成整体统一感，给人带来视觉上的扩大感

5 狭长形空间配色调整

狭长户型的开间和进深比例失衡比较严重，往往有两面墙的距离比较近，且远离窗户的一面会有采光不佳的缺陷，在设计时墙面背景色要尽量使用淡雅、能够彰显宽敞感的后退色，使空间看起来更舒适、明亮。

狭长户型一般分为两种：一种是长宽比例在 2：1 左右；另一种的长宽比例则相差很多。第一种情况，可在重点墙面做突出设计，如更换颜色；第二种情况，可在空间墙面采用白色或接近白色的淡色，除了色彩，材质种类也尽量要单一。

适宜配色

低重心配色（白墙＋深色地面）

白色墙面可使狭长形空间显得明亮、宽敞，深色地面则可避免空间头重脚轻；同时可搭配彩色软装，但要避免厚重款式

浅色系

顶面、墙壁、家具和地面选用同样的浅色实木材料；家具和软装配色可变化，但最好采用同类色

白色＋灰色

主题墙选择其中一种色彩，其他墙面选择另一种色彩；两种色彩搭配使用可以打造出高雅格调的居室

彩色墙面（膨胀色）

利用膨胀色为空间主题墙打造视觉焦点，但膨胀色不宜在整个家居配色中使用，会造成视觉污染，使户型缺陷更加明显

成功改善方案

▲ 低重心配色令狭长走廊具有稳定感，再用木色做墙面点缀，避免单调

▲ 大量不同明度的木色，为狭长空间带来了视觉变化，令人忽视了空间缺陷

▲白色和灰色搭配给狭长空间带来了高级感，且视觉感受较为明亮

▲ 黄色系的主题墙形成视觉焦点，弱化了狭长空间带来的不适感

6 不规则空间配色调整

不规则空间常见阁楼，或带有圆弧或拐角的户型，也会存在一些斜线、斜角、斜顶等形状。这些户型在进行色彩设计时，除了利用配色来化解缺陷，有些不规则户型反而是一种特色，可以根据具体情况，利用色彩强化特点。

不规则形状为缺点的户型，一般为不规则卧室、餐厅等相对主要的空间。在进行配色设计时，整个空间的墙面可以全部采用相同色彩或材料，加强整体感，减少分化，使异形的地方不引人注意。有些户型不规则的是玄关、过道等非主体部分，在配色时可在地面适当进行色彩拼接，强化这种不规则特点；也可将异形处的墙面与其他墙面色彩进行区分，或用后期软装色彩做区别。其中，背景墙、装饰摆件都可以破例选用另类造型和鲜艳色彩。

适宜配色

白色系 + 色彩点缀

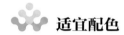

白色具有纯净、清爽的视觉效果，能够弱化墙面不规则形状，点缀色可为黑色、木色

色彩拼接

条纹可形成墙面设计亮点，使人忽视户型缺陷，但条纹的色彩拼接最好选择浅淡色系

浅色吊顶 + 彩色墙面

彩色墙面与浅色吊顶较适合儿童房阁楼配色，彩色墙面符合儿童心理需求，而浅色吊顶则能中和彩色墙面带来的刺激感

纯色墙面 + 深色地面

纯色墙面可带来变化性视觉效果，地面色彩宜比墙面略深，具有稳定性；地面色彩也可选择与墙面相近的类似色或百搭的深木色

成功改善方案

▼ 白色、红色和黑色的组合，沉稳中带有明快、活力，有效弱化户型缺陷

▲ 彩色条纹壁纸令空间充满了趣味性，将不规则墙面融入了设计之中

▲ 白色吊顶组合浊色调灰蓝色墙面，色彩变化中不失和谐

▲ 深色地面增强了空间的稳定性，白色墙面则起到提亮空间的作用

1 家具色彩的设计方法

家具色彩与整体居室环境应该是既对立又统一的关系。也就是说，家具色彩要协调整体居室的色彩，同时还要有所变化。由于空间背景色不容易更换，如果想突出个性设计，一定要在家具色彩上多下功夫。家具颜色的选择可以有无穷的可能性，所以在确定家具之后，可以根据配色规律来斟酌墙、地面的颜色，甚至窗帘、工艺品的颜色也可以由此展开。

主要家具色彩

C28 M24 Y26 K0　C99 M84 Y44 K8

点缀色搭配

C83 M59 Y34 K0　C37 M98 Y86 K3

C23 M27 Y74 K0　C51 M22 Y92 K0

► 确定了主要家具沙发和座椅的色彩，其他点缀配色围绕其展开，既有色彩延续，又有对比色加入，整体配色丰富不杂乱

2 布艺色彩的设计方法

空间中的布艺有很多，包括窗帘、地毯、帷幔、桌布、床品、沙发套、靠垫等。布艺色彩对居室色彩起着举足轻重的作用，如果色彩搭配不当很容易产生零乱的感觉，成为居室色彩的干扰因素。如果空间中家具色彩比较深，在挑选布艺时，可以选择一些浅淡的色系，颜色不宜过于浓烈、鲜艳；如果不想改变原有的背景色，则可以选择和原背景色色系相同或相近色调的织物来装饰居室。

主要布艺色彩

C86 M78 Y61 K33　C51 M100 Y100 K33

▲ 空间中的主要布艺色彩为红色和蓝色，准对决型配色形成开放型空间

3 装饰品色彩的设计方法

装饰画、工艺品、雕塑、灯饰等这些物件虽然体量不大，但其色彩却能对居室氛围起到画龙点睛的作用。饰品色彩常作为居室内的点缀色出现，选择上幅度较大，可以充分结合业主喜好及室内风格来确定。

装饰品主要色彩

C24 M75 Y100 K0

◀ 空间中的装饰品大多为橙色，与抱枕、单人座椅、地毯和窗帘的部分色彩形成统一

4 花艺、绿植色彩的设计方法

花艺、绿植是家居空间中的绝佳装饰，既可以为空间注入生机，又能够起到丰富空间配色的作用。在居室配色设计时，如果空间色彩较单一，或以无彩色为主色，则花艺、绿植的色彩可以丰富一些；如果空间色彩本身较丰富，则花艺、绿植的色彩则应以柔和色彩为主，或者选取空间中 1~2 种色彩为花艺配色。

主要家具色彩

C14 M75 Y69 K0　　C41 M69 Y84 K3

花艺色彩

C6 M9 Y11 K0　　C62 M53 Y76 K7

▶ 空间中家具色彩强烈，软装花艺则采用了柔和的白色系 + 玻璃花瓶，为空间带来了透气性

二、色彩与室内元素

从色彩角度应用图案

1　形态轮廓对配色的影响

在家居配色时，少不了图案与之搭配，图案的形态轮廓也对家居配色的呈现有着一定影响。例如，图案形态的轮廓线越清晰，色彩对比越强烈；图案形态的轮廓线越复杂，色彩对比越弱化。也就是说，轮廓线清晰度的表现力与空间色彩对比的表现力成正比。

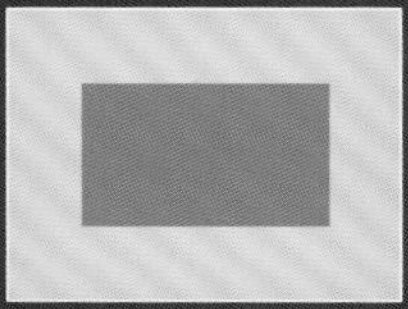

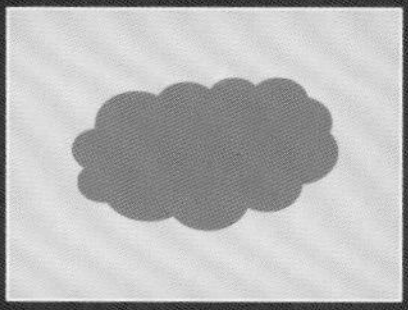

▲ 图案轮廓线清晰相对图案轮廓线不明确，显得色彩对比相对强烈

▲ 抱枕轮廓清晰，虽然在无色系的沙发大背景下，依然显得突出；地毯轮廓相对圆润，与棕色系地板色彩对比相对减弱

2 形态动静态势对配色的影响

图案在家居中都是相对静止的，但由于不同图案，在形态上会形成动静之分。例如，对比一方的颜色边缘为流动的曲线形，就会比边缘为直线的图案显得具有动感。也就是说，当并置的图案相对稳定时，相互之间的色彩也会比较稳定。当形状动势较强时，相互之间的色彩对比也会增强，令居室环境显得具有活力。

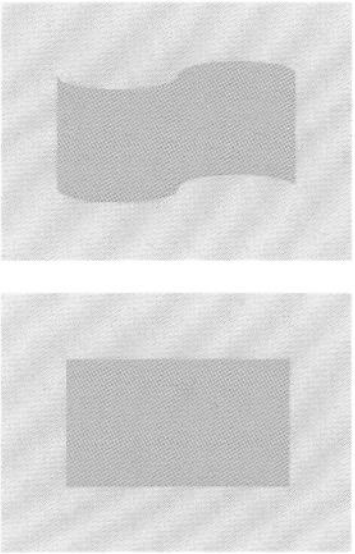

▲ 图案动态比静态图案显得更灵动

▲ 地毯图案较动感，不仅色彩对比鲜明，而且令室内环境更显活泼

3 形态聚合分离对配色的影响

图案形状越集中，色彩对比越强烈；图案形态越分散，色彩对比效果越弱化。与形态复杂的颜色对比，形态简单的颜色对比效果会增强；而复杂的形态搭配复杂的颜色，由于补偿的特征，则空间色彩对比效果降低，且配色会显得相对杂乱。

▲ 前景和背景图案组合简单，色彩对比强烈

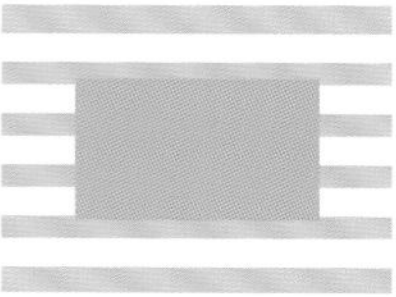

▲ 复杂图案形态搭配简单图案，色彩对比相对削弱

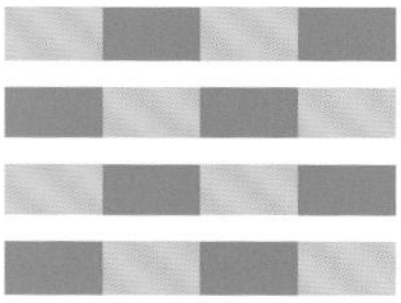

▲ 复杂形态搭配复杂色彩，造成较跳跃的配色印象，显杂乱

▲ 由于墙面壁纸的图案繁复，因此空间中其他布艺采用纯色搭配，有效避免空间图案过多引起的视觉杂乱

空间配色依附材质而存在

1 色彩需要依附空间材质而存在

色彩不能单独凭空存在，而是需要依附在某种材料上，才能够被人们看到，在家居空间中尤其如此。在装饰空间时，材料千变万化，丰富的材质世界，对色彩也会产生或明或暗的影响。

家居中常见材质按照制作工艺可以分为自然材质和人工材质。

自然材质

非人工合成的材质，例如木头、藤、麻等，此类材质的色彩较细腻、丰富，单一材料就有较丰富的层次感，多为朴素、淡雅的色彩，缺乏艳丽的色彩。

人工材质

由人工合成的瓷砖、玻璃、金属等，此类材料对比自然材质，色彩更鲜艳，但层次感单薄。优点是无论何种色彩都可以得到满足。

室内空间的常见材质按照给人的视觉感受，还可以分为冷材质、暖材质和中性材质。

冷材料

玻璃、金属等给人冰冷的感觉，为冷材料。即使是暖色相附着在冷材料上时，也会让人觉得有些冷感，例如同为红色的玻璃和陶瓷，前者就会比后者感觉冷硬一些。

暖材料

织物、皮毛材料具有保温的效果，比起玻璃、金属等材料，使人感觉温暖，为暖材料。即使是冷色，当以暖材质呈现出来时，清凉的感觉也会有所降低。

中性材料

木质材料、藤等材料冷暖特征不明显，给人的感觉比较中性，为中性材料。采用中性材料时，即使是采用冷色相，也不会让人有丝毫寒冷的感觉。

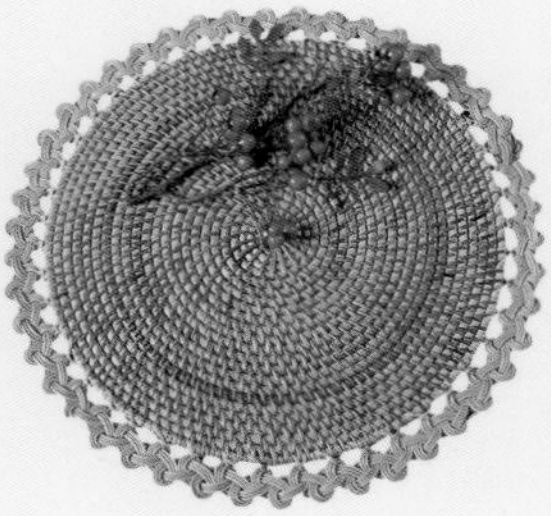

2 材质肌理对空间色彩的影响

除了材质的来源以及冷暖，表面光滑度的差异也会给色彩带来变化。例如瓷砖，同样颜色的瓷砖，经过抛光处理的表面更光滑，反射度更高，看起来明度更高，粗糙一些的则明度较低。同种颜色的同一种材质，选择表面光滑与粗糙的进行组合，就能够形成不同明度的差异，能够在小范围内制造出层次感。

▲ 将蓝色运用在木门、花瓶以及桌旗中，材料之间不同的光滑程度构成了丰富的层次感，不显单调

玻璃花瓶 + 蓝色插花

蓝色装饰木门

蓝色花纹桌旗

装饰物的材质从上到下，由冷变暖，清凉感有所降低；同时，这种材质多样化，配色统一化的设计手法，令空间协调中不乏变化的美感。

色彩与光环境共同改善室内环境

1 自然光源对室内配色的影响

色彩与自然光源的关系主要体现在居室朝向上，不同朝向的居室会因为不同的光照而有不同特点。

例如，北向居室一年四季晒不到太阳，温度偏低，宜选择淡雅暖色或中性色；东西朝向居室光照一天之中变化很大，直对光照的墙面可选择吸光色彩，背光墙面选择反光色，墙壁不宜为橘黄色或淡红色等，选择冷色调较合适；南向房间日照充足，建议离窗户近的墙面采用吸光的深色调色彩、中性色或冷色相，从视觉上降低燥热程度。

另外，室内墙壁色彩基调一般不宜与室外环境形成强烈对比，窗外若有红光反射，室内不宜选用太浓的蓝色、绿色。色彩对比太强，易使人感觉疲劳，产生厌倦情绪，浅黄、奶黄偏暖，效果会更好。相反，窗外若有树叶或较强的绿色反射光，室内颜色则不宜太绿或太红。

C0 M0 Y0 K0　C50 M42 Y39 K0
C27 M64 Y78 K0

▲ 北向卧室采用暖色床品增添温馨感，弱化室内阴暗之感

C14 M13 Y11 K0　C98 M92 Y38 K4
C62 M80 Y81 K42

▲ 西向客厅用冷色调布艺给人清凉感，避免强烈光照造成的炎热感

C0 M0 Y0 K0　C60 M14 Y39 K0
C27 M57 Y64 K0

▲ 东向厨房用蓝色系与无色系搭配，适应光线变化

C17 M13 Y19 K0　C54 M25 Y29 K0
C0 M0 Y0 K100

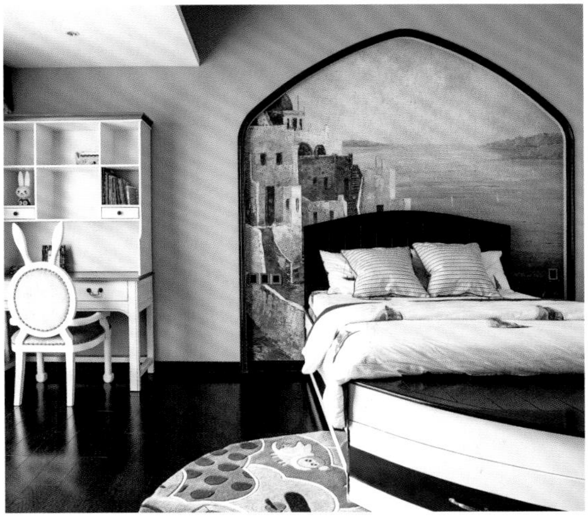

▲ 南向卧室利用冷色系作为背景色，有效降低燥热感

2 人工光源对室内配色的影响

家居空间内的人工照明主要依靠 LED 灯和荧光灯两种光源。这两种光源对室内的配色会产生不同的影响，**LED 灯节能环保，光色纯正，使用寿命较长；荧光灯的色温较高，偏冷，具有清新、爽快的感觉。**

在暖色调为主的空间中，宜采用低色温的光源，可使空间内的温暖基调加强；冷色调为主的空间内，主光源可使用高色温光源，局部搭配低色温的射灯、壁灯来增加一些朦胧的氛围。

另外，可利用色温对居室配色和氛围的影响，在不同的功能空间采用不同色温的照明。例如，高色温清新、爽快，适合用在工作区域，如书房、厨房、卫生间等区域做主光源。低色温给人温暖、舒适的感觉，很适合用在需要烘托氛围类的空间做主光源，如客厅、餐厅。而在需要放松的卧室中，也可以采用低色温的灯光，低色温能促进褪黑素的分泌，具有促进睡眠的作用。

▲ 冷色调的卧室适合高色温的光源

C31 M13 Y15 K0

C8 M18 Y33 K0

▼ 暖色调的客厅适合低色温的光源

缤纷的色彩运用到空间设计中，如果掌握不好，不但不能带来美观的室内环境，而且还会使空间显得杂乱。因此，掌握一定的配色基本技法十分必要。理解和运用合理的配色技法，可以使空间配色变得事半功倍。

CHAPTER 3

掌握室内色彩配色的基本技法，做到心中有数

一、调和配色法

面积调和可使室内配色更灵活

面积调和与色彩三属性无关，而是通过将色彩面积增大或减少，来达到调和的目的，使空间配色更加美观、协调。在具体设计时，色彩面积比例尽量避免 1:1 对立，最好保持在 5:3~3:1。如果是三种颜色，可以采用 5:3:2 的方式。但这不是一个硬性规定，需要根据具体对象来调整空间色彩分配。

1:1 的面积配色稳定，但缺乏变化

降低黑色的面积，配色效果具有了动感

加入灰色作为调剂，配色更加具有层次感

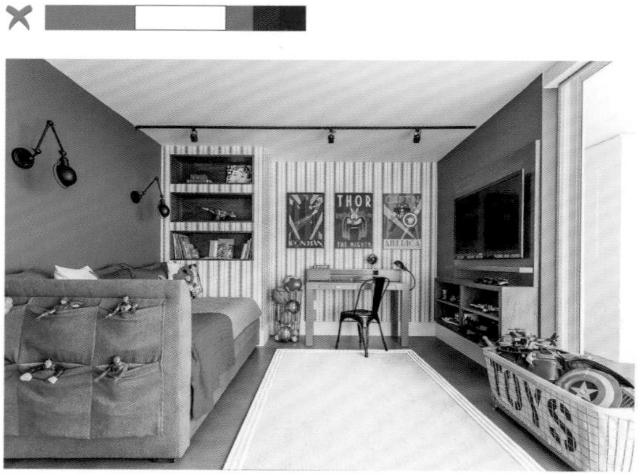

▲ 白色和蓝色的比例大致平分，且将蓝色用于对立的两面墙，缺乏稳定感

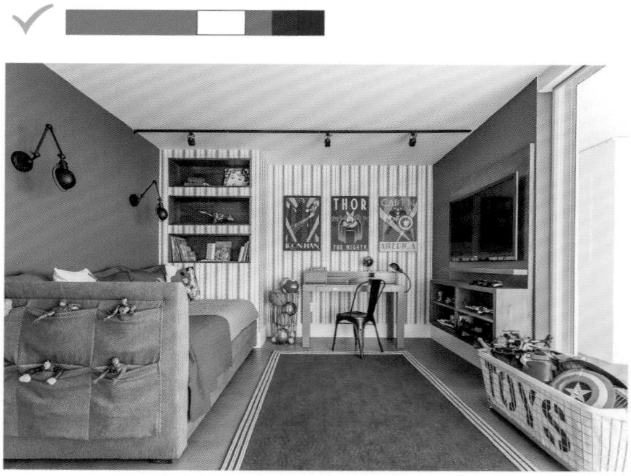

▲ 蓝色作为空间中大比例用色，再用白、灰、黑、红等色调和，配色有层次、有重点

重复调和可增进空间色彩融合度

在进行空间色彩设计时，若一种色彩仅小面积出现，与空间其他色彩没有呼应，则空间配色会缺乏整体感。这时不妨将这一色彩分布到空间中的其他位置，如家具、布艺等，形成共鸣重合的效果，进而促进整体空间的融合感。

单独一个座椅
形成强调配色

同色调的座椅
和装饰画形成
重复配色

▲ 卧室台灯为偏橘色的藤编材质，空间中没有与之呼应的配色，缺乏整体感

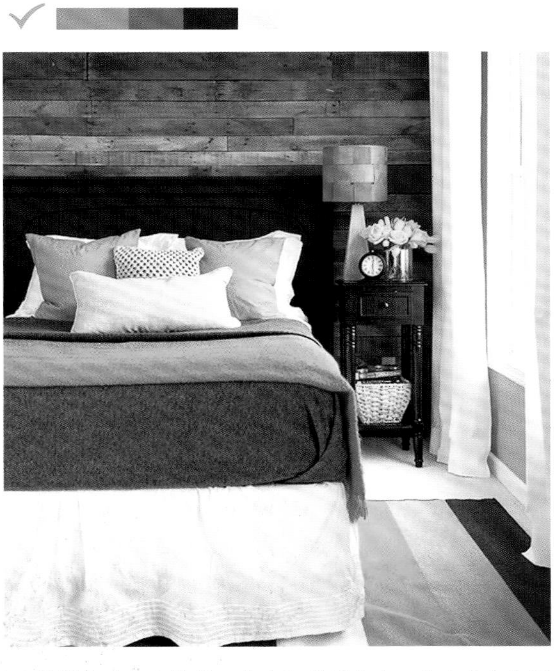

▲ 将橙色分布在抱枕、床巾和地毯之中，使之产生色彩呼应，空间整体感增强

秩序调和使空间配色稳定、协调

秩序调和可以是通过改变同一色相的色调形成的渐变色组合，也可以是一种色彩到另一种色彩的渐变，例如红色渐变到蓝色，中间经过黄色、绿色等。这种色彩调和方式，可以使原本强烈对比、刺激的色彩关系变得和谐、有秩序。

同一色相的渐变

从一种色彩到另一种色彩的渐变

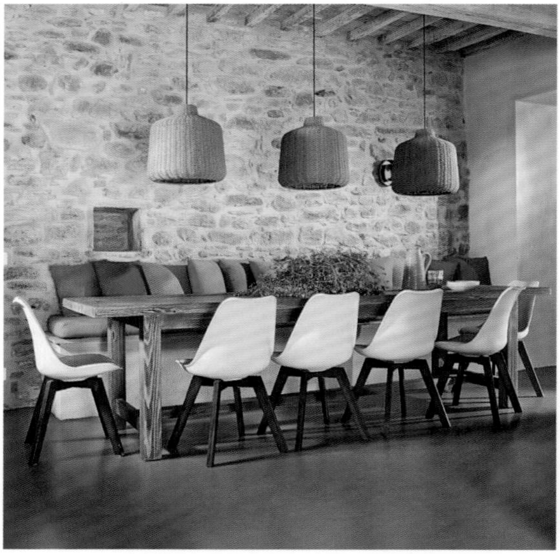

▲ 抱枕的色彩虽然丰富，但从紫色到蓝色的渐变较为平和，不显凌乱

▲ 地毯为不同色调的蓝色，同一色相的渐变效果，令配色统一中不乏变化

同一调和更易形成统一的配色印象

同一调和包括同色相调和、同明度调和及同纯度调和。其中，同色相调和即在色相环中 60° 角之内的色彩调和，由于其色相差别不大，因此非常协调。同明度调和是使被选定的色彩各色明度相同，便可达到含蓄、丰富和高雅的色彩调和效果。同纯度调和是被选定色彩的各饱和度相同，基调一致，容易达成统一的配色印象。

同色相调和

床品与整体空间的色相差过大，空间流于散漫、不安定

使用同相型配色营造出家庭的温馨、和谐

同明度调和

淡色调绿色餐椅在整体偏沉稳的空间中，由于明度差过大，显得较为轻浮，缺乏稳定感

将餐椅的颜色调整为孔雀绿，其浓色调缩小了与家具、地板之间的明度差，空间配色稳定，有视觉焦点

同纯度调和

座椅接近暗色调的蓝色，与空间中的有彩色棕色系既有色相对比，又有强烈的色调对比，给人不安定感

将座椅的色调与棕木色系靠近，统一成暗浊色调，且降低了色相差，整体配色更加和谐

互混调和令空间色彩过渡自然、有序

在空间设计时，往往会出现两种色彩不能进行很好融合的现象，这时可以尝试运用互混调和。例如，选择一种或两种颜色的类似色，形成3种或4种色彩，利用类似色进行过渡，可以形成协调的色彩印象。添加的同类色非常适合作为辅助色，作为铺垫。

▲ 红色和蓝色为准对决型配色，紧凑而实用，但作为软装配色，显得有些单调

▲ 加入红色和蓝色的类似色，配色更加自然、稳定，且十分丰富

蓝色和橙色呈准对决型配色，视觉冲击强烈

蓝色和橙色各自增加类似色，降低了视觉冲击，配色融合型更高

群化调和可避免空间配色喧闹、凌乱

群化调和指的是将相邻色面进行共通化，即将色相、明度、色调等赋予共通性。具体操作时可将色彩三属性中的一部分进行靠拢而得到统一感。在配色设计时，只要群化一个群组，就会与其他色面形成对比；另外，同组内的色彩因同一而产生融合。群化是强调与融合同时发生，相互共存，形成独特的平衡，使配色兼具丰富感与协调感。

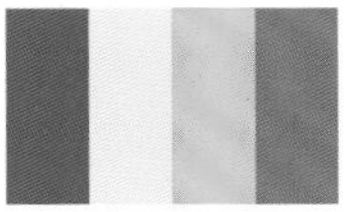

色调、明度均不统一，配色显得杂乱

按照色彩相近的明度进行群化，配色具有统一性

选取粉色和绿色群化为两种色调，融合与对比

选取粉色和黄色群化为邻近色，群化效果明显且整体融合

▲ 卧室中的布艺配色过于杂乱，色彩缺乏归纳，显得有些喧闹

▲ 虽然橙色和蓝色的对比感很强，但通过色调变化，群化分成冷色和暖色对比，对决中有了平衡，兼顾活力与协调

二、无色彩配色法

擅用黑色使空间配色有重心、有秩序

黑色在色彩之中，属于比较重的颜色。在家居配色中，黑色是一种很好的调和色，可以统一凌乱的色彩分布，令空间的整体配色有重心、有秩序。

▶ 黑色散落在空间的不同位置，分散地与其他色彩进行调和，达到统一视觉的效果

▲ 空间中存在红绿对比色，用黑色进行调和、过渡，可以弱化配色的刺激感

▲ 空间中的色彩分布很多，利用黑色作为背景色，可以将凌乱的色彩进行整合

▲ 黑色作为主角色，可以令原本寡淡的空间有了视觉中心，起到稳定配色的作用

擅用白色使空间配色更轻盈、更透气

白色在家居空间中是非常好的背景色，可以给其他色彩充分展示的舞台。如果空间中的色彩很多，难以形成视觉焦点，不妨利用白色进行衬托和调和，既能规避杂乱，同时可以形成轻盈、透气的空间环境。

▲ 空间中的软装色彩亮丽、丰富，处理不好配色关系很容易显杂乱；利用白色作为背景色，则很好地规避了这一问题

擅用灰色使空间配色有质感、有氛围

灰色可以令空间配色显得高雅，有氛围，又不会夺取其他色彩的光芒，是一种绝佳的空间配色。不论是亮色还是暗色，灰色都能与之表现出很好的搭配效果。在配色时，如果搭配色与灰色差异较大，则更适合强烈的突出主体；如果搭配色与灰色差异很小，则更容易体现高雅氛围。

▶ 灰色与橙色的色彩差异大，橙色成为空间中的视觉焦点

▶ 灰色与灰蓝色背景墙的色彩差异小，空间氛围高雅，有质感

擅用无彩色使空间配色更受关注

无彩色在家居配色中的运用非常广泛，既可以只将黑白灰三色作为空间色彩，塑造出稳定、素雅的空间环境；也可以用三种色彩与任何一种有彩色进行搭配，对过于强烈的色彩进行调和，形成独特、具有艺术化特征的空间氛围。无论哪种配色方式，有无彩色参与的室内配色，均可令空间配色更受关注。

▲ 无色系之间进行搭配，空间氛围素雅，且不乏层次感

◀ 无色系与亮丽的有彩色进行搭配，空间氛围时尚，且不过于刺激

三、对比配色法

有彩色、无彩色对比形成空间视觉冲击

有彩色和无彩色结合的方式，在家居配色中十分常见。若黑色为主色搭配有彩色，空间氛围往往具有艺术化特征；白色为主色搭配有彩色，空间的视觉焦点以有彩色来实现；灰色为主色搭配有彩色，空间氛围高级、精致。而若有彩色为主色，无彩色作为调剂使用时，空间氛围则往往具有鲜明的特征与个性。

▲ 黑色主色 + 有彩色

▲ 白色主色 + 有彩色

▲ 有彩色主色 + 白色

▲ 灰色主色 + 有彩色

冷色与暖色对比丰富空间配色层次

冷色和暖色看似互不相让水火不容，但实际上这两类色彩组合在一起，既能丰富空间配色层次，又能使空间变得灵动而有活力。但在具体设计时，并非所有的冷色和暖色都可以随意进行搭配，需要遵循一定的配色规则。例如，同一居室内不得超过 3 种冷暖色对比，否则会显得杂乱。

▲ 冷色（蓝）+ 暖色（红）色

▲ 冷色（蓝）+ 暖色（橙）

两种色调对比空间配色内敛而富有变化

在家居空间中，即使运用多个色相进行色彩设计，但若色调一样也会令人感觉单调，单一色调极大地限制了配色的丰富性，不妨尝试利用多色调的搭配方式。其中，两种色调搭配可以发挥出各自的优势，而消除掉彼此的缺点，使室内配色显得更加和谐。

纯色
健康 / 过于激烈

淡色
优雅 / 不健康

在健康的纯色中加入优雅的淡色，消除了纯色低档的感觉，转为质朴，同时增加了色彩的多层次

在这组色彩中由于淡色无法夺取纯色的主要位置，因此可以令淡色面积略微增大，以确保色彩都能发挥最佳效果

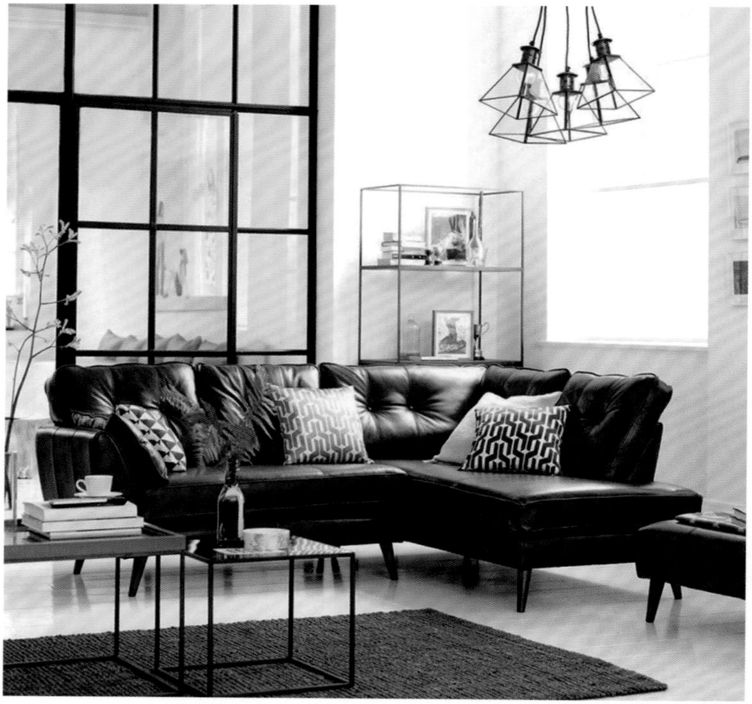

C90 M73 Y42 K5

C73 M13 Y14 K0

◀ 沙发区运用了大量的蓝色，但在色调上进行区分，其中沙发以暗色调为主，再运用明色调的抱枕进行调剂，使配色层次更加丰富

三种色调对比可形成开放型空间配色

三种色调的搭配方法可以表现出更加微妙和复杂的感觉，令空间的色彩搭配具有多样的层次感，形成开放型的空间配色。

C29 M13 Y13 K0　C74 M53 Y23 K0　C60 M68 Y84 K25

▲ 背景色为淡色调蓝色，主角色为微浊色调蓝色，配角色为浓色调棕色，三种色调搭配的方式令空间配色协调中有变化、有重点

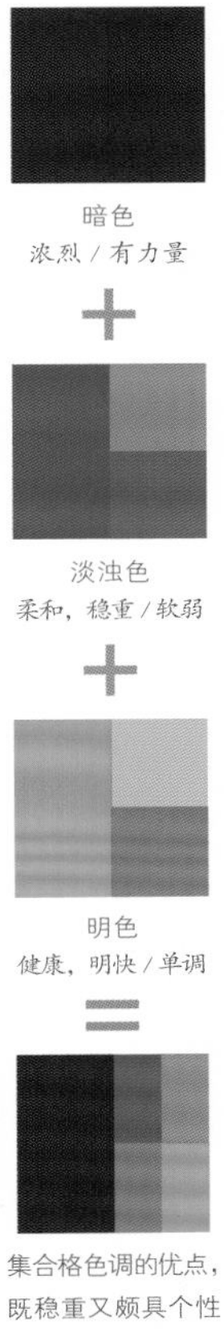

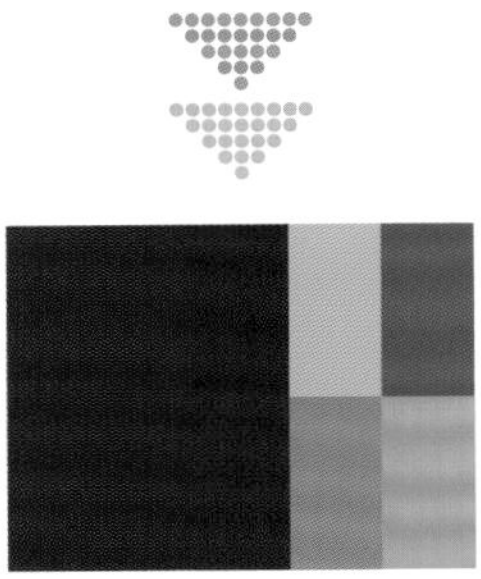

多色调可以含有各种各样的层次感，设计者的主动权很大

色彩经过人的思维会与以往的记忆及经验产生联想，从而形成一系列色彩心理反应，产生色彩情感与色彩意向。了解色彩的情感意义与意向，能够有针对性地根据居住者的需求选择适合的家居配色方案。

CHAPTER 4

学会室内空间配色印象，才能有打动人心的设计

一、决定配色印象的主要因素

理解色彩与情感之间的表达

色彩可以在一定程度上表达人们的情感，人们的情感可以依附于色彩之上。

人们看待色彩不是单纯地从色相上判断，而是从色彩依附的载体、色彩的来源，使用色彩的族群和不同的文化中寻找更多的信息加以理解。例如，我们知道太阳的光是黄色的，天空的颜色是蓝色的，云彩的颜色是白色的，这里所提到的黄色、蓝色和白色都是具象的色彩。但同时，如果表示愤怒可以用红色，表示冷静可以用蓝色，表示纯洁可以用白色，则这里提到的色彩就是抽象的。

区分具象色彩和抽象色彩的要点在于人类的情感。后者代表了人类对色彩的附加情感和认知。在居室设计中，除了将具象的色彩运用在墙面、家具等位置，也可以利用色彩的抽象意义表达空间氛围，以及吻合居住者的职业、个性及年龄。

红色是中国人心目中表达喜庆的色彩，为色彩的抽象意义；同时，红色还表现在喜字、礼服、玫瑰、婚鞋等具体事物上，为具象意义。结合红色的抽象意义和具象意义，家居设计中常用红色来渲染新婚房。

例如，上图将红色大面积运用在墙面和茶几的色彩设计中，同时选用自然界中红色花卉图案的布艺来装点空间，形成了带有唯美、浪漫气息的婚房氛围。

例如，上图中餐巾、柜体及地面的蓝色是具象色彩。但同时蓝色给人的感觉是清爽、透气的，这属于人们对蓝色的认知，为蓝色的抽象意义。

自然界中蓝色的大海为具象色彩，同时大海还可以令人感受到清爽、宽阔的意境，这就是其抽象意义。将大海的具象色彩和抽象意义运用到家居设计中，可以带来海洋般的氛围。

11 种常见色相的情感意义

1 红色

红色是三原色之一，和绿色是对比色，补色是青色。红色象征活力、健康、热情、朝气、欢乐，使用红色能给人一种迫近感，使人体温升高，引发兴奋、激动的情绪。

在室内设计中，大面积使用纯正的红色容易使人产生急躁、不安的情绪。因此在配色时，纯正红色可作为重点色少量使用，会使空间显得富有创意。而将降低明度和纯度的深红、暗红等作为背景色或主色使用，能够使空间具有优雅感和古典感。

另外，红色特别适合用在客厅、活动室或儿童房中，增加空间的活泼感。而在中国传统观念中，红色还代表喜庆，因此常会用作婚房配色。

红色代表的积极意义

积极　活力　开放　喜庆　华丽　成熟　坚强　威严

红色代表的消极意义

急躁　不安　刺激　血腥

常见配色方案参考

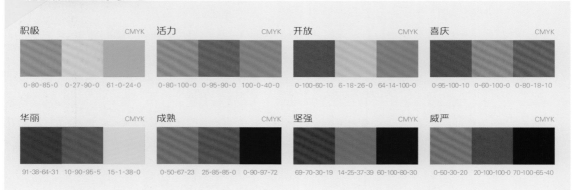

积极 CMYK	活力 CMYK	开放 CMYK	喜庆 CMYK
0-80-85-0	0-80-100-0	0-100-60-10	0-95-100-10
0-27-90-0	0-95-90-0	6-18-26-0	0-60-100-0
61-0-24-0	100-0-40-0	64-14-100-0	0-80-18-10

华丽 CMYK	成熟 CMYK	坚强 CMYK	威严 CMYK
91-38-64-31	0-50-67-23	69-70-30-19	0-50-30-20
10-90-95-5	25-85-85-0	14-25-37-39	20-100-100-0
15-1-38-0	0-90-97-72	60-100-80-30	70-100-65-40

C0 M0 Y0 K0　C37 M95 Y100 K3　C71 M74 Y77 K44　C55 M91 Y100 K42　C43 M41 Y37 K0

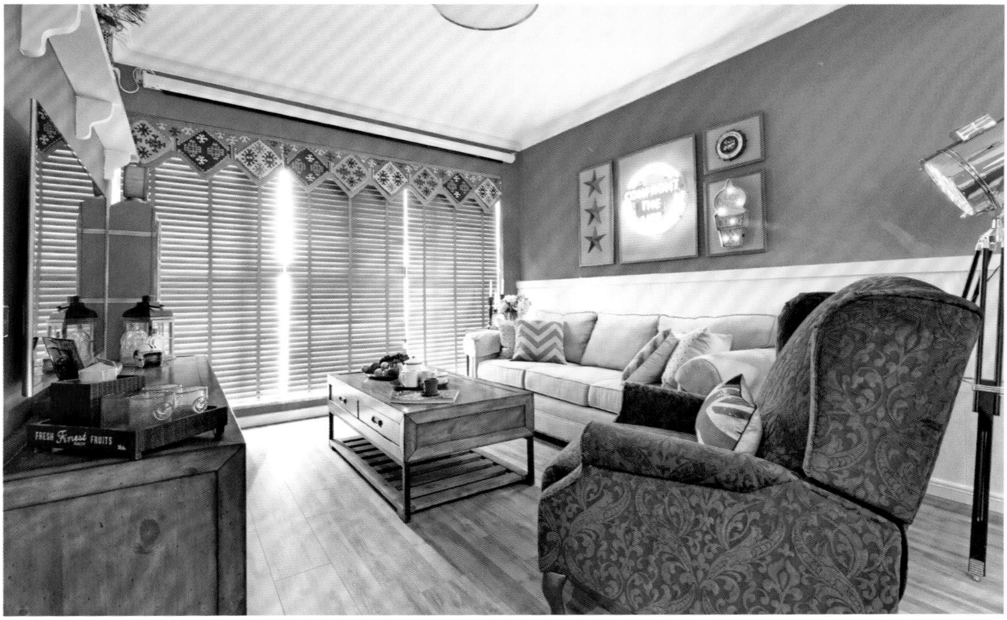

▲ 大面积红色墙面带来视觉冲击，再用大量木色和灰色进行调剂，避免刺激感过于强烈

C0 M0 Y0 K100　C38 M37 Y37 K0
C45 M75 Y60 K2　C58 M32 Y78 K0

▲ 红色作为主角色用于沙发之中，与黑色的墙面共同塑造出潮流感十足的客厅氛围

C0 M0 Y0 K0　C40 M88 Y76 K3
C75 M75 Y85 K56　C93 M71 Y65 K35

▲ 将红色分散用于墙面、座椅及部分装饰之中，配色有层次、有呼应

2 粉色

粉色具有很多不同的分支和色调，从淡粉色到橙粉色，再到深粉色等，通常给人浪漫、天真、梦幻、甜美的感觉，让人第一时间联想到女性特征。也正是因为这种女性化特征，有时会给人幼稚或过于柔弱的感觉。

粉色常被划分为红色系，但事实上它与红色表达的情感差异较大。例如，粉色优雅，红色大气；粉色柔和，红色有力量；粉色娇媚，红色娇艳。可以说粉色是少女到成熟女性之间的一种过渡色彩。

在室内设计时，粉色可以使激动的情绪稳定下来，有助于缓解精神压力，适用于女儿房、新婚房等，一般不会用在男性为主导的空间中，会显得过于甜腻。

粉色代表的**积极意义**：轻柔 甜美 梦幻 浪漫 温馨 天真 娇媚 雅致

粉色代表的**消极意义**：甜腻 幼稚 肤浅 柔弱

常见配色方案参考

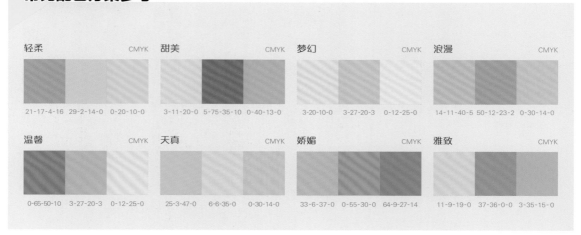

	CMYK		
轻柔	21-17-4-16	29-2-14-0	0-20-10-0
甜美	3-11-20-0	5-75-35-10	0-40-13-0
梦幻	3-20-10-0	3-27-20-3	0-12-25-0
浪漫	14-11-40-5	50-12-23-2	0-30-14-0
温馨	0-65-50-10	3-27-20-3	0-12-25-0
天真	25-3-47-0	6-6-35-0	0-30-14-0
娇媚	33-6-37-0	0-55-30-0	64-9-27-14
雅致	11-9-19-0	37-36-0-0	3-35-15-0

C0 M0 Y0 K0　C20 M41 Y7 K0　C0 M0 Y0 K100

▲ 将粉色运用在软装配色之中，塑造出柔媚的空间氛围

C0 M0 Y0 K0　C27 M38 Y14 K0
C14 M31 Y27 K0　C32 M40 Y76 K0

▲ 不同明度的粉色条纹壁纸令女儿房的色彩活跃，且不乏统一性

C24 M29 Y12 K0　C68 M59 Y47 K2
C39 M39 Y52 K0　C38 M36 Y32 K0

▶ 淡山茱萸粉与金色、灰色进行搭配，形成高品格的既视感

3 橙色

橙色比红色的刺激度有所降低，比黄色热烈，是最温暖的色相，能够激发人们的活力、喜悦、创造性，具有明亮、轻快、欢欣、华丽、富足的感觉。

橙色作为空间中的主色十分醒目，较适用餐厅、工作区、儿童房；用在采光差的空间，还能够弥补光照的不足。但需要注意的是，尽量避免在卧室和书房中过多地使用纯正的橙色，会使人感觉过于刺激，可降低纯度和明度后使用。

橙色中稍稍混入黑色或白色，会变成一种稳重、含蓄又明快的暖色；而橙色中若加入较多的白色，则会带来一种甜腻感。

橙色代表的积极意义

美好　活力　热情　丰收　温馨　健康　友善　舒适

橙色代表的消极意义

廉价　日暮　黯然　古旧

常见配色方案参考

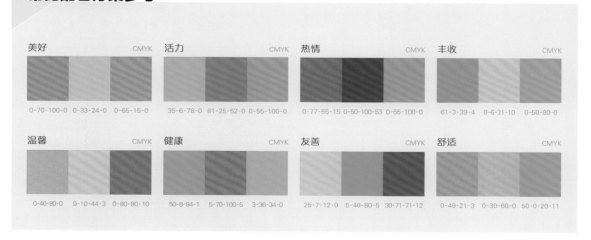

美好　CMYK
0-70-100-0　0-33-24-0　0-65-15-0

活力　CMYK
35-6-78-0　81-25-52-0　0-55-100-0

热情　CMYK
0-77-55-15　0-50-100-53　0-55-100-0

丰收　CMYK
61-3-39-4　0-6-31-10　0-50-80-0

温馨　CMYK
0-40-80-0　9-10-44-3　0-80-80-10

健康　CMYK
50-8-84-1　5-70-100-5　3-36-34-0

友善　CMYK
25-7-12-0　5-40-80-5　30-71-71-12

舒适　CMYK
0-49-21-3　0-30-60-0　50-0-20-11

C47 M39 Y33 K0
C7 M66 Y92 K0
C79 M83 Y68 K50
C43 M74 Y84 K5

▲橙色灯具与工艺品成为空间中的一抹亮色，有效提升空间整体亮度

C0 M0 Y0 K0
C26 M42 Y60 K0
C44 M35 Y38 K0
C19 M53 Y82 K0

▲ 橙色座椅为主角色，在灰色大背景下十分抢眼，形成视觉中心

C0 M0 Y0 K0
C40 M62 Y50 K0
C36 M61 Y75 K0

▲ 用浊色调橙色作为背景墙色彩，在无色系的大背景中，具有稳定配色的作用

C0 M0 Y0 K0
C71 M53 Y0 K0
C31 M83 Y100 K0
C0 M0 Y0 K100
C48 M49 Y66 K0

▲ 纯度较高的橙色玄关柜与孔雀装饰画形成色彩冲击，整体配色十分夺目

4 黄色

黄色是三原色之一，能够给人轻快、希望、活力的感觉，让人联想到太阳；而在中国的传统文化中，黄色是华丽、权贵的颜色，象征着帝王。

黄色具有促进食欲和刺激灵感的作用，非常适用于餐厅和书房中；因为其纯度较高，也同样适用采光不佳的房间。另外，黄色带有的情感特征，如希望、活力等，使其在儿童房中被较多使用。

黄色的包容度较高，与任何颜色组合都是不错的选择。例如，黄色作为暗色调的伴色可以取得具有张力的效果，能够使暗色更为醒目，例如黑色沙发搭配黄色靠垫。但需要注意的是，鲜艳的黄色过大面积地使用，容易给人苦闷、压抑的感觉，可以降低纯度或者缩小使用面积。

黄色代表的积极意义

阳光 鲜妍 热闹 开放 欢乐 权贵 醒目 希望

黄色代表的消极意义

脆弱 喧闹 稚嫩

常见配色方案参考

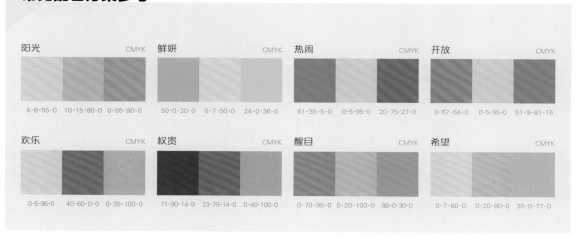

阳光 CMYK

4-6-55-0 10-15-80-0 0-55-80-0

鲜妍 CMYK

50-0-30-0 0-7-50-0 24-0-36-0

热闹 CMYK

61-35-5-0 0-5-95-0 20-75-27-0

开放 CMYK

3-67-64-0 0-5-95-0 51-9-81-15

欢乐 CMYK

0-5-95-0 40-60-0-0 0-35-100-0

权贵 CMYK

71-90-14-9 23-79-14-0 0-40-100-0

醒目 CMYK

0-70-95-0 0-20-100-0 80-0-30-0

希望 CMYK

0-7-50-0 0-20-80-0 30-0-77-0

C15 M6 Y0 K0　C0 M0 Y0 K100　C29 M32 Y88 K0

▶ 黄色和黑色形成十分强烈的色彩冲撞力，形成具有艺术化气息的空间氛围

C15 M6 Y0 K0　C27 M20 Y50 K0
C54 M76 Y100 K26　C100 M100 Y61 K52

C0 M0 Y0 K0　C32 M29 Y80 K0
C36 M29 Y21 K0　C64 M81 Y85 K50

▲ 黄色系餐椅在较沉稳的棕色地面中跳脱出来，为空间注入活力

◀ 暖黄色的床品、睡床奠定出温暖基调，且与鹦鹉装饰画形成色彩呼应，整体感强

5 绿色

绿色是介于黄色与蓝色之间的复合色，是大自然中常见的颜色。绿色属于中性色，加入黄色多则偏暖，体现出娇嫩、年轻及柔和的感觉；加入青色多则偏冷，带有冷静感。

绿色能够让人联想到森林和自然，它代表着希望、安全、平静、舒适、和平、自然、生机，能够使人感到轻松、安宁。

在家居配色时，一般来说绿色没有使用禁忌，但若不仅喜欢空间过于冷调，应尽量少和蓝色搭配使用。另外，大面积使用绿色时，可以采用一些具有对比色或补色的点缀品，来丰富空间的层次感，如绿色和相邻色彩组合，给人稳重的感觉；和补色组合，则会令空间氛围变得有生气。

绿色代表的积极意义

自然 生机 乐观 朝气 冷静 沉着 希望 轻松

绿色代表的消极意义

轻飘 乡土 土气

常见配色方案参考

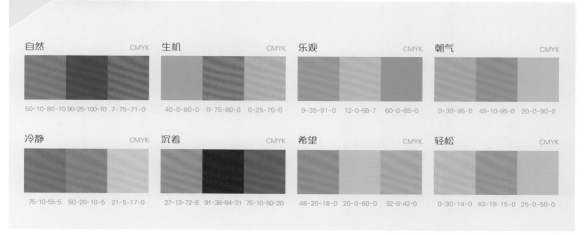

	CMYK		
自然	50-10-80-10	90-25-100-10	7-75-71-0
生机	40-0-80-0	0-75-80-0	0-25-70-0
乐观	9-35-91-0	12-0-68-7	60-0-65-0
朝气	0-30-95-0	45-10-95-0	20-0-90-0
冷静	75-10-55-5	50-20-10-5	21-5-17-0
沉着	27-13-72-8	91-38-64-31	75-10-50-20
希望	48-20-18-0	20-0-60-0	32-8-42-0
轻松	0-30-14-0	43-18-15-0	25-0-50-0

C0 M0 Y0 K0　C29 M16 Y29 K0　C70 M60 Y93 K24　C37 M63 Y20 K0

▲ 墙面为浅灰绿色，布艺大量采用略深的灰绿色作为配色层次变化，统一中不显单调

C74 M7 Y58 K0　C0 M0 Y0 K100　C62 M76 Y85 K40

▲ 绿色、黑色和棕色的搭配，形成具有绅士感的空间氛围

C0 M0 Y0 K0　C49 M46 Y50 K0　C63 M52 Y79 K8

▲ 蓝色和绿色为同相型配色，为整体淡雅的空间注入了自然、清爽气息

6 蓝色

蓝色为冷色，是和理智、成熟有关系的颜色，在某个层面上，是属于成年人的色彩。但由于蓝色还表现在天空、海洋上，所以同样带有浪漫、甜美的色彩，在家居设计时也就跨越了各个年龄层。

蓝色在儿童房的设计中，多数是用其具象色彩，如大海、天空的蓝色，给人开阔感和清凉感。而在成年人的居室设计中，多数则采用其抽象概念，如商务、公平和科技感。

另外，虽然蓝色清新淡雅，与各种水果相配也很养眼，但不宜用在餐厅或厨房。蓝色餐桌或餐垫上的食物，总是不如暖色环境看着有食欲；同时，尽量不要在餐厅内装白炽灯或蓝色的情调灯。科学实验证明，蓝色灯光会让食物看起来不诱人。但蓝色作为卫浴间的装饰却能强化神秘感与隐私感。

蓝色代表的积极意义：理智 清透 清爽 知性 博大 严谨 商务 深沉

蓝色代表的消极意义：严酷 忧郁 忧伤 无趣 孤独 寂寞

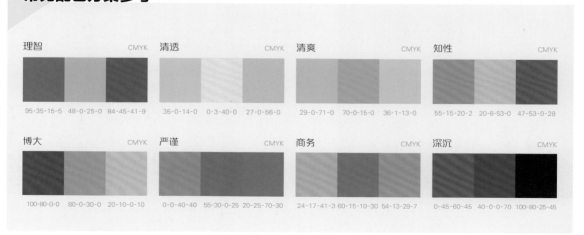

常见配色方案参考

配色	色彩模式	色1	色2	色3
理智	CMYK	95-35-15-5	48-0-25-0	84-45-41-9
清透	CMYK	35-0-14-0	0-3-40-0	27-0-56-0
清爽	CMYK	29-0-71-0	70-0-15-0	36-1-13-0
知性	CMYK	55-15-20-2	20-8-53-0	47-53-0-28
博大	CMYK	100-80-0-0	80-0-30-0	20-10-0-10
严谨	CMYK	0-0-40-40	55-30-0-25	20-25-70-30
商务	CMYK	24-17-41-3	60-15-10-30	54-13-29-7
深沉	CMYK	0-45-60-45	40-0-0-70	100-80-25-45

C8 M6 Y13 K0 | C59 M47 Y39 K0 | C84 M79 Y53 K19 | C39 M44 Y100 K0 | C0 M0 Y0 K100 | C92 M74 Y62 K32 | C50 M71 Y90 K13

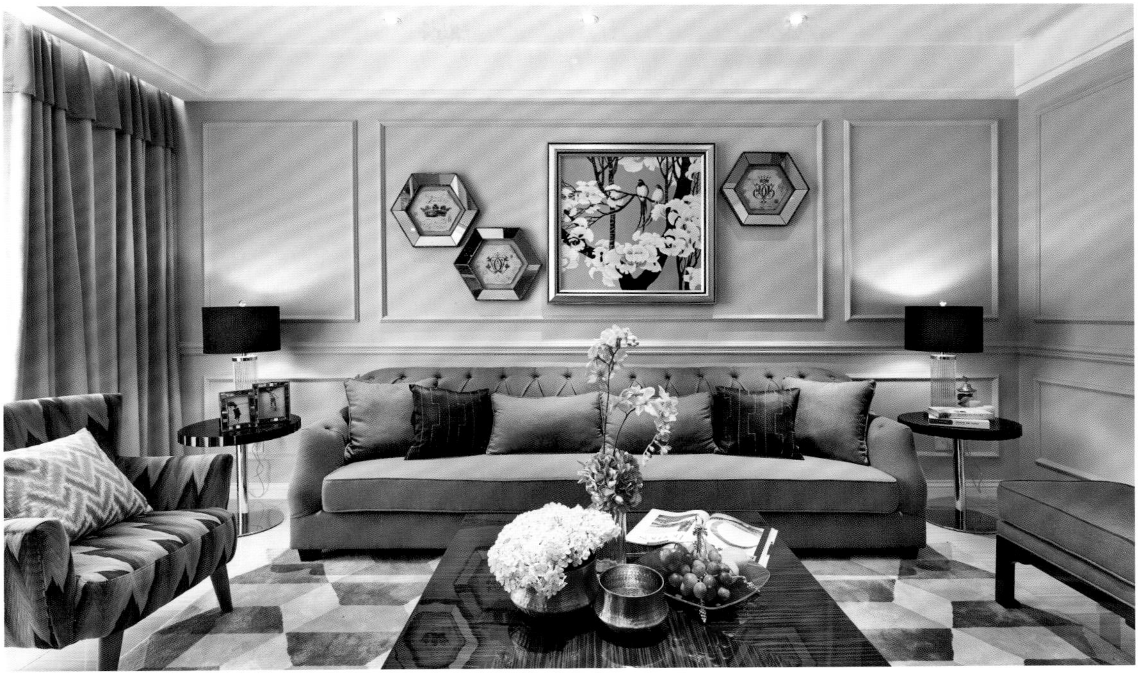

▲ 不同明度的蓝色作为空间中主色，奠定了男性空间理性的气质

C0 M0 Y0 K0 | C83 M53 Y15 K0 | C75 M76 Y56 K20
C62 M75 Y89 K40 | C68 M40 Y81 K1 | C36 M42 Y96 K0

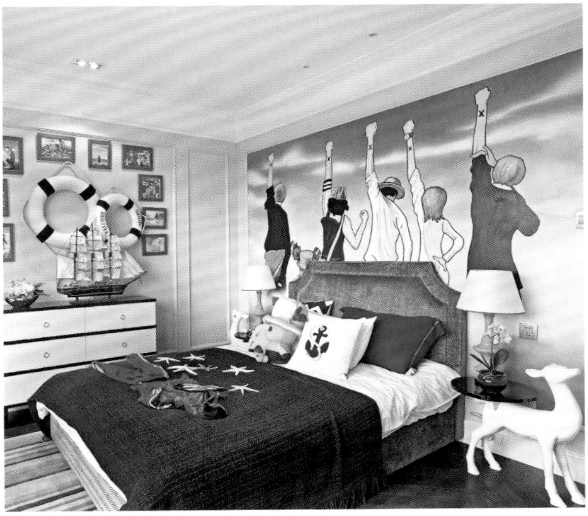

▲ 蓝色为主色搭配白色，营造出如海洋般静谧、广阔的儿童房氛围

C24 M4 Y13 K0 | C45 M37 Y98 K0 | C77 M25 Y48 K0
C20 M13 Y12 K0 | C56 M63 Y59 K5

▲ 蓝色搭配绿色，不会破坏空间清雅的氛围，又丰富了配色层次

7 紫色

紫色由温暖的红色和冷静的蓝色调和而成，是极佳的刺激色。在中国传统文化里，紫色是尊贵的颜色，如北京故宫又被称为“紫禁城”；但紫色在基督教中，则代表了哀伤。

紫色所具备的情感意义非常广泛，是一种幻想色，既优雅又温柔，既庄重又华丽，是成熟女人的象征，但同时代表了一种不切实际的距离感。此外，紫色根据不同的色值，分别具备浪漫、优雅神秘等特性。

在室内设计中，深暗色调的紫色不太适合体现欢乐氛围的居室，如儿童房；另外，男性空间也应避免艳色调、明色调和柔色调的紫色；而纯度和明度较高的紫色则非常适合法式风格、简欧风格等凸显女性气质的空间。

紫色代表的积极意义

优雅 别致 高贵 华丽 成熟 神秘 浪漫 柔美

紫色代表的消极意义

距离 冰冷

常见配色方案参考

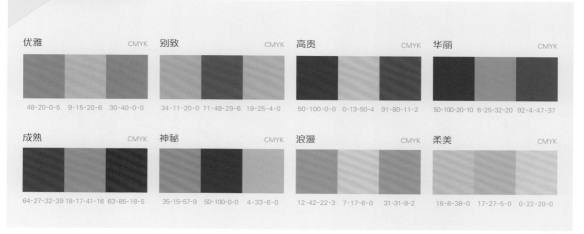

	CMYK		
优雅	48-20-0-5	9-15-20-6	30-40-0-0
别致	34-11-20-0	71-48-29-6	19-25-4-0
高贵	50-100-0-0	0-13-50-4	91-80-11-2
华丽	50-100-20-10	6-25-32-20	92-4-47-37
成熟	64-27-32-39	18-17-41-16	63-85-18-5
神秘	35-15-57-9	50-100-0-0	4-33-6-0
浪漫	12-42-22-3	7-17-6-0	31-31-8-2
柔美	18-8-38-0	17-27-5-0	0-22-20-0

C0 M0 Y0 K0　C33 M26 Y27 K0　C52 M48 Y15 K0　C51 M60 Y39 K0

▲ 不同色调的紫色与灰色进行搭配，形成优雅、别致的女性空间氛围

C0 M0 Y0 K0　C43 M56 Y31 K0　C22 M32 Y28 K0

▲ 紫色的帐幔和软包背景墙，不论色彩还是材质，均体现出女性的柔美、浪漫

C0 M0 Y0 K0　C68 M76 Y46 K5　C73 M57 Y100 K23　C8 M92 Y36 K0　C66 M78 Y74 K40

▲ 空间配色绚丽夺目，其中的紫色为空间注入几分神秘气息

8 褐色

褐色又称棕色、赭色、咖啡色、茶色等，是由混合少量红色及绿色，橙色及蓝色，或黄色及紫色颜料构成的颜色。褐色常被联想到泥土、自然、简朴，给人可靠、有益健康的感觉。但从反面来说，褐色也会被认为有些沉闷、老气。

在家居配色中，褐色常通过木质材料、仿古砖来体现，沉稳的色调可以为家居环境增添一份宁静、平和及亲切感。

由于褐色所具备的情感特征，以及表现的材料，使其非常适合用来表现乡村风格、欧式古典风格，以及中式古典风格，也适合老人房、书房的配色，并且可以较大面积使用，带来沉稳感觉。

褐色代表的积极意义

自然 质朴 踏实 可靠 安定 沉静 古雅 丰收

褐色代表的消极意义

老气 单调 保守 平庸 沉闷

常见配色方案参考

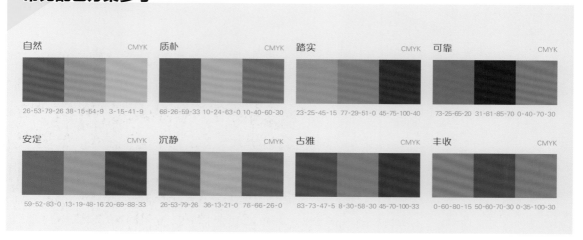

方案	CMYK		
自然	26-53-79-26	38-15-54-9	3-15-41-9
质朴	68-26-59-33	10-24-63-0	10-40-60-30
踏实	23-25-45-15	77-29-51-0	45-75-100-40
可靠	73-25-65-20	31-81-85-70	0-40-70-30
安定	59-52-83-0	13-19-48-16	20-69-88-33
沉静	26-53-79-26	36-13-21-0	76-66-26-0
古雅	83-73-47-5	8-30-58-30	45-70-100-33
丰收	0-60-80-15	50-60-70-30	0-35-100-30

▶ 不同明度的褐色为整体厚重的空间配色带来了视觉变化，不显沉闷

C0 M0 Y0 K0　C34 M31 Y31 K0
C13 M31 Y47 K0　C54 M92 Y98 K38

C19 M22 Y51 K0　C53 M59 Y71 K5　C70 M78 Y81 K53

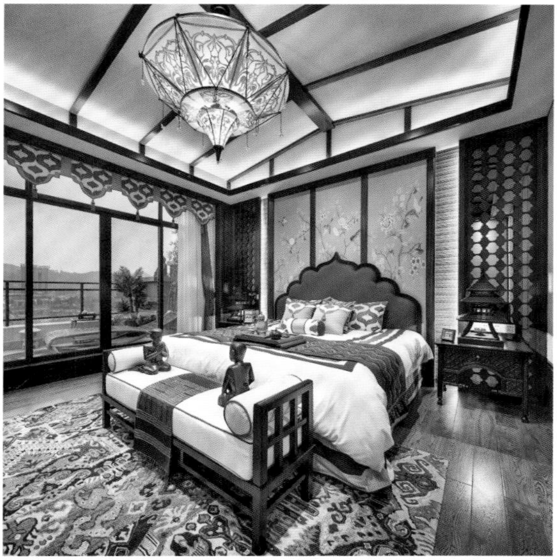

C0 M0 Y0 K0　C56 M75 Y87 K27
C0 M0 Y0 K100　C77 M48 Y100 K9

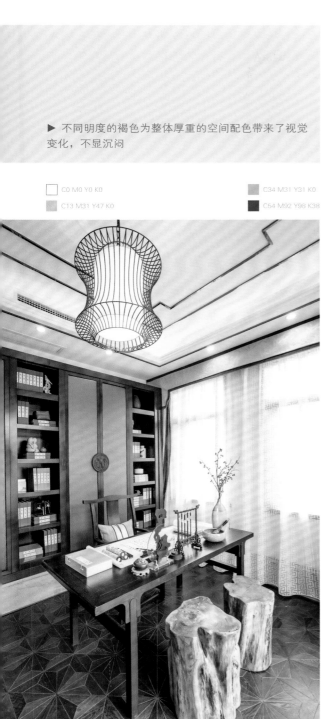

▲ 棕色系饰面板背景墙，形成沉稳的配色基调，且与主角色黑色的融合度较高

◀ 墙面嵌入柜利用浅灰棕色，地面为深棕色，色彩由浅到深，过渡和谐

9 灰色

灰色是介于黑色和白色之间的一系列颜色，可以大致分为浅灰色、中灰色和深灰色。这种色彩虽然不比黑和白纯粹，却也不似黑和白那样单一，具有十分丰富的层次感。

灰色给人温和、谦让、中立、高雅的感受，具有沉稳、考究的装饰效果，是一种在时尚界不会过时的颜色，在许多高科技产品，尤其是和金属材料有关的，几乎都采用灰色来传达高级、科技的形象。

在室内设计中，高明度灰色可以大量使用，大面积纯色可体现出高级感，若搭配明度同样较高的图案，则可以增添空间的灵动感。另外，灰色用在居室中，能够营造出具有都市感的氛围，例如表达工业风格时会在墙面、顶面大量使用。需要注意的是，虽然灰色适用于大多居室设计，但在儿童房、老人房中应避免大量使用，以免造成空间过于冷硬。

灰色代表的积极意义：高雅 高级 温和 考究 谦让 中立 科技 现代

灰色代表的消极意义：无趣 压抑 保守

常见配色方案参考

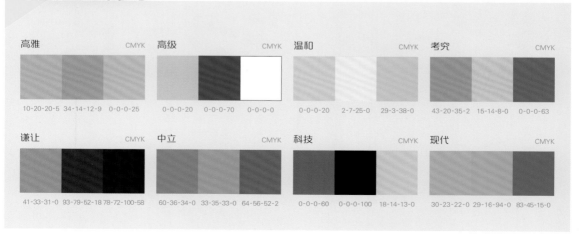

配色	CMYK		
高雅	10-20-20-5	34-14-12-9	0-0-0-25
高级	0-0-0-20	0-0-0-70	0-0-0-0
温和	0-0-0-20	2-7-25-0	29-3-38-0
考究	43-20-35-2	15-14-8-0	0-0-0-63
谦让	41-33-31-0	93-79-52-18	78-72-100-58
中立	60-36-34-0	33-35-33-0	64-56-52-2
科技	0-0-0-60	0-0-0-100	18-14-13-0
现代	30-23-22-0	29-16-94-0	83-45-15-0

C34 M28 Y33 K0　C38 M75 Y49 K0　C28 M37 Y88 K0　C76 M37 Y24 K0

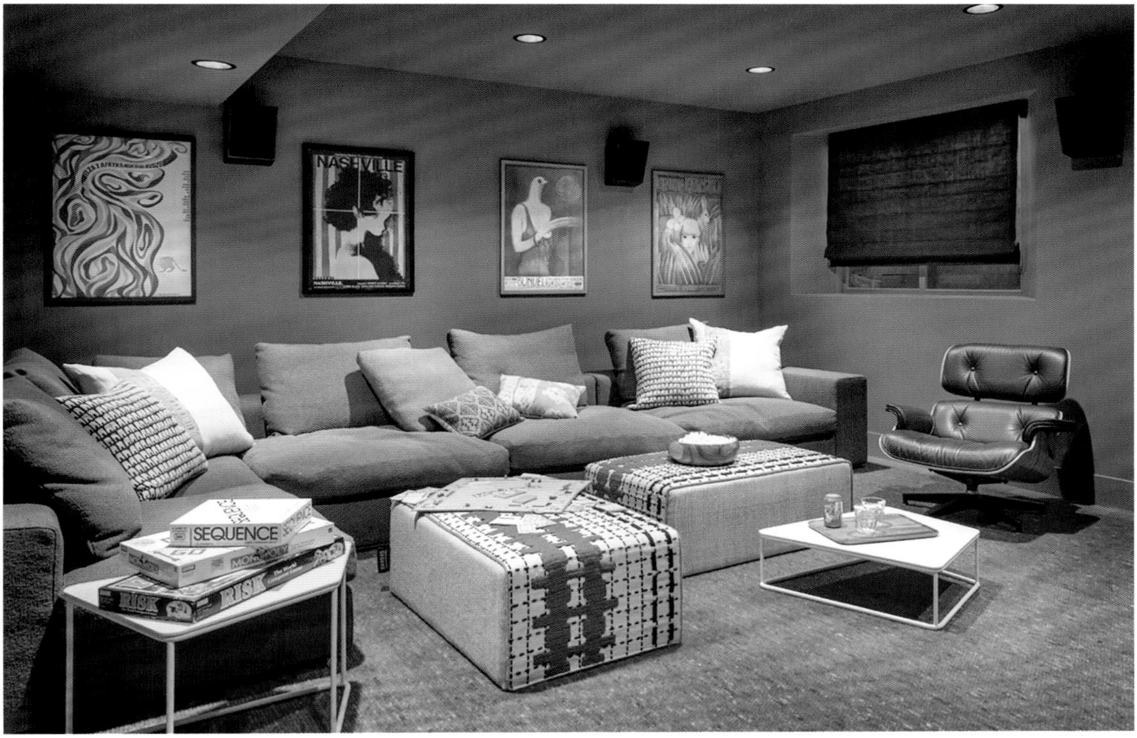

▲ 深灰色大面积使用容易造成压抑，因此利用较多亮色进行调剂，空间配色艺术感极强

C39 M41 Y40 K0　C60 M75 Y90 K36
C0 M0 Y0 K100

▲ 空间主色为灰色和褐色，再点缀部分黑色，稳定且具有工业气息

C0 M0 Y0 K0　C38 M33 Y32 K0　C67 M70 Y83 K38
C15 M36 Y55 K0　C37 M13 Y77 K0

▲不同明度的灰色作为卧室中主色，塑造出高级感的空间氛围

10 白色

白色是一种包含光谱中所有颜色光的色彩，通常被认为是“无色”的。白色代表明亮、干净、畅快、朴素、雅致与贞洁，同时白色也具备没有强烈个性、寡淡的特性。

在所有色彩中，白色的明度最高。在空间设计时通常需要和其他色彩搭配使用，因为纯白色会带来寒冷、严峻的感觉，也容易使空间显得寂寥。例如，设计时可搭配温和的木色或用鲜艳色彩点缀，可以令空间显得干净、通透，又不失活力。

由于白色的明度较高，可以起到一定程度放大空间的作用，因此比较适合小户型；在以简洁著称的简约风格，以及以干净为特质的北欧风格中会较大面积使用。

白色代表的积极意义

和平　干净　整洁　纯洁　清雅　通透　畅快　明亮

白色代表的消极意义

无趣　平淡　虚无

常见配色方案参考

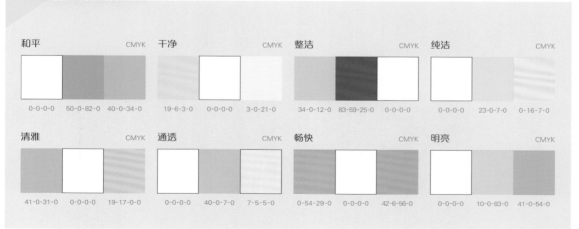

和平 CMYK		
0-0-0-0	50-0-82-0	40-0-34-0

干净 CMYK		
19-6-3-0	0-0-0-0	3-0-21-0

整洁 CMYK		
34-0-12-0	83-59-25-0	0-0-0-0

纯洁 CMYK		
0-0-0-0	23-0-7-0	0-16-7-0

清雅 CMYK		
41-0-31-0	0-0-0-0	19-17-0-0

通透 CMYK		
0-0-0-0	40-0-7-0	7-5-5-0

畅快 CMYK		
0-54-29-0	0-0-0-0	42-6-56-0

明亮 CMYK		
0-0-0-0	10-0-83-0	41-0-54-0

C0 M0 Y0 K0　C86 M51 Y50 K2　C46 M37 Y38 K0

▲ 冷色系沙发作为空间主角色，有吸睛作用，且起到稳定空间配色的目的

C0 M0 Y0 K0　C76 M69 Y61 K22
C21 M28 Y15 K0　C64 M68 Y69 K21

▲ 浊色调灰色和粉色作为主角色，既不影响通透感，又使配色具有层次

C0 M0 Y0 K0　C23 M36 Y74 K0
C79 M43 Y71 K2　C42 M58 Y61 K0

▲空间大面积色彩为白色，因此软装配色较丰富，增加整体氛围的活力

11 黑色

黑色基本上定义为没有任何可见光进入视觉范围，和白色相反；可以给人带来深沉、神秘、寂静、悲哀、压抑的感受。在文化意义层面，黑色是宇宙的底色，代表安宁，亦是一切的归宿。

黑色是明度最低的色彩，用在居室中，可以带来稳定、庄重的感觉。同时黑色非常百搭，可以容纳任何色彩，怎样搭配都非常协调。黑色常作为家具或地面主色，形成稳定的空间效果。但若空间的采光不足，则不建议在墙上大面积使用，容易使人感觉沉重、压抑。

黑色在空间中若大面积使用，一般用来营造具有冷峻感或艺术化的空间氛围，如男性空间，或现代时尚风格的居室较为适用。

绿色代表的
积极意义

庄重 力量 稳定 高级 深沉 安宁 高效 夺目

绿色代表的
消极意义

悲哀 沉默 沉重 压抑

常见配色方案参考

	CMYK		
庄重	0-0-0-100	100-100-60-29	59-82-100-46
力量	70-63-23-0	0-0-0-100	70-69-100-51
稳定	55-81-100-33	51-100-100-35	0-0-0-100
高级	0-0-0-0	0-0-0-30	0-0-0-100
深沉	0-0-84-59	66-0-3-0	0-0-0-100
安宁	29-3-38-0	4-0-28-0	0-0-0-100
高效	82-50-100-15	0-0-0-100	83-59-25-0
夺目	18-25-92-0	15-74-96-0	0-0-0-100

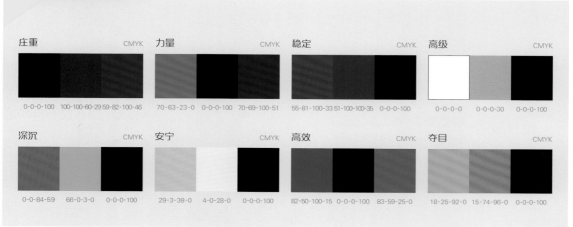

C24 M24 Y21 K0　C0 M0 Y0 K100　C68 M72 Y81 K41

▲ 灰色、木色和黑色搭配，沉稳中区分出配色层次，形成利落、理性的空间氛围

C0 M0 Y0 K0　C5 M91 Y12 K0

C0 M0 Y0 K100　C49 M54 Y96 K3

▲ 大面积黑色空间容易显沉闷，因此用玫红色和黄色进行调剂，空间印象活泼、开放

C0 M0 Y0 K0　C0 M0 Y0 K100

C51 M94 Y100 K30　C64 M17 Y95 K0

▲ 灰白色沙发为主角色，红绿对比色为点缀色，令大面积黑色空间有了透气感

色相与室内风格的搭配

1 现代风格

色彩设计大胆　追求鲜明的效果反差　具有浓郁的艺术感

常见配色方案

① 无色系组合

要点 为了避免单调，以及和简约风格做区分，设计时可以搭配一些前卫感的造型。

白色为主色，经典、时尚

黑色为主色，神秘、沉稳

灰色为主色，干净、利落

② 无色系 + 金属色

要点 无色系作为主色，电视墙、沙发墙等重点部位用银色或金色装饰，或采用金属色的灯具、工艺品做点缀。空间中可以运用解构式家具，使配色个性感更强。

无色系 + 银色增添科技感

无色系 + 金色增添低调奢华感

③ 棕色系

要点 棕色系可作为背景色和主角色大量使用，也可以选择茶镜作为墙面装饰，既符合配色要点也可以通过材质提升现代氛围。

④ 对比型配色

要点 配玻璃、金属材料效果更佳，使用纯色张力最强。

双色相对比 + 无色系，冲击力强烈

多色相对比 + 无色系，活泼、开放

2 简约风格

配色设计体现对细节的把握　同色、不同材质的重叠使用

常见配色方案

① 白色（主色）+ 暖色

要点 白色组合红色、橙色、黄色等暖色，简约中不失亮丽、活泼。搭配低纯度暖色，温暖、亲切；搭配高纯度暖色，多用于配角色和点缀色。

② 白色（主色）+ 冷色

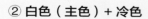

要点 白色搭配蓝色、蓝紫色等冷色相，可以塑造清新、素雅的简约家居。搭配淡蓝色最常见，令家居氛围更清爽，搭配深蓝色，理性、稳重。

③ 白色（主色）+ 中性色

要点 此种色彩搭配一般会加入黑色、灰色、棕色等偏理性的色彩做调剂，稳定空间配色。

搭配紫色，空间显得有个性

搭配绿色，多数人容易接受

④ 白色（主色）+ 木色

要点 白色最能体现出简约风格简洁的诉求，而木色既带有自然感，色彩上又不会过于浓烈，和白色搭配，可以体现出雅致、天然的简约家居风格。

⑤ 白色（主色）+ 多彩色

要点 白色需占主要位置，如背景色或主角色，多彩色则不宜超过三种，否则容易削弱简约感。具体设计时，可以通过一种色彩的色相变化来丰富配色层次。

3 中式古典风格

沉稳、厚重的配色基调　擅用皇家色装点　大量实木色泽

常见配色方案

① 白色 + 棕色

等分运用，古朴中不失清透

大面积棕色（占空间比例的 70%~80%），白色调剂使用

② 黄色 + 棕色

要点 一般可以将黄色作为背景色，棕色作为主角色；也可以将黄色作为大面积布艺色彩，棕色作为家具配色。

③ 红色 + 棕色

要点 红色既可以作为背景色，也可以作为主角色。搭配棕色系，可以营造出古朴中不失活力的配色氛围。

④ 棕色 + 蓝色点缀

要点 大量使用棕色，可以塑造出具有厚重感的中式古典风格，为了避免空间沉闷，可以用蓝色作为点缀。蓝色是青花瓷中的色彩，与中式古典风格的气质相符。

4 新中式风格

配色效果素雅　取自苏州园林或民国民居的色调　皇家色做点缀

常见配色方案

① 棕色系 + 无色系

要点 棕色常作为主角色用在主要家具，也可作为配角色用在边几、坐墩等小型家具上。背景色则常见白色、浅灰色，黑色做层次调节加入

② 白色 + 灰色

要点 搭配色调相近的软装，丰富空间层次；或加入黑色点缀，令空间配色更加沉稳。这样的配色可以塑造出类似苏州园林或京城民宅风格的家居，极具韵味

③ 无色系 + 皇家色

要点 需注意蓝色 / 青色最常用浓色调，少采用淡色或浅色

无色系 + 黄色 + 蓝色 / 青色，活泼、时尚

要点 可将红色 / 黄色 / 蓝色与软装结合

无色系 + 红色 + 蓝色，肃穆、庄严

无色系 + 红色 + 黄色，大气、端庄

④ 白色 / 米色 + 黑色

白色 / 米色主色，黑色辅助色，干净、通透

黑色主色，白色辅助色，沉稳、有力

5 欧式古典风格

配色古朴、厚重　常用棕色系及金色做背景色　低明度为主的点缀色

常见配色方案

① 金色 / 明黄

要点 效果炫丽、明亮，体现欧式古典风格的高贵感，构成金碧辉煌的空间氛围。软装常见精致雕刻的金色家具、金色装饰物等。

② 棕色系

要点 欧式古典风格会大量用到护墙板、实木地板，因此棕色系较常见。为了避免深棕色带来的沉闷，可利用白色中和，也可以通过变化软装色彩来调节。

③ 浊色调点缀

要点 浊色调是显眼而又不过于明亮的颜色。在欧式古典风格的居室中，可以通过搭配这些色彩的软装，来丰富空间配色。

④ 华丽色彩组合

要点 欧式古典风格可以采用多种颜色交互使用的配色方式，给人很强的视觉冲击力，也可以使人从中体会到一种冲破束缚、打破宁静的激情。具体配色时，可以采用对比色、邻近色交互的配色方式，但要注意比例，不要过于炫目。

6 简欧风格

配色高雅、和谐 简化的线条和色彩 软装多为低彩度

常见配色方案

① 白色 + 黑色 / 灰色

要点 白色用于背景色或主角色，无论搭配黑色、灰色或同时搭配两色，都极具时尚感。同时，常以新欧式造型以及家具款式，区分其他风格的配色。

② 白色 + 蓝色系

要点 配色清新、自然，带有轻奢特点。蓝色既可以做背景色、主角色等大面积使用，也可少量点缀在居室配色中。需要注意的是，配色时高明度蓝色应用较多，如湖蓝色、孔雀蓝等，暗色系蓝色比较少见。

③ 白色 / 米色 + 暗红色

要点 用白色或米色做背景色，若空间较大，暗红色也可做背景色和主角色使用；小空间中暗红色不适合大面积用在墙面，可用在软装进行点缀，这种配色方式带有明媚、时尚感。配色时也可以少量地糅合墨蓝色和墨绿色，丰富配色层次。

④ 白色 + 绿色点缀

要点 白色通常作为背景色，绿色则很少大面积运用，常作为点缀色或辅助配色；绿色的选用一般多用柔和色系，基本不使用纯色。这种配色印象清新、时尚，适合年轻业主。

⑤ 金色 / 银色点缀

要点 金色和银色的使用注重质感，多为磨砂处理的材质，会被大量运用到金属器皿中，家具的腿部雕花中也常见金色和银色。

金色点缀提升空间精致度，轻奢品位高

银色点缀现代气息更浓郁

7 法式宫廷风格

用华贵、艳丽的软装彰显贵族气　家具多带有古典细节镶饰

常见配色方案

① 金色 / 黄色

要点 金色常出现在装饰镜框、家具纹饰等处，数量无须过多但做工需精致；也会结合高明度黄色，令空间透出明媚的奢靡气息。

② 白色 + 湖蓝色 / 宝石蓝

要点 湖蓝色和宝石蓝自带高贵气息，符合法式宫廷风格追求华贵的诉求。一般和白色进行搭配，塑造出华美中不失通透的空间环境。

③ 华丽的女性色

要点 将纯度较高的女性色彩，如朱红色、果绿色、柠檬黄、青蓝色、粉蓝色等组合运用，可以营造出绚丽、华美的法式宫廷风格。为了避免配色过于喧闹，可以用白色进行色彩调剂。

8 法式乡村风格

擅用浓郁色彩　甜美的女性配色　大地色系体现风格特征

常见配色方案

① 较大比例的紫色

要点 紫色一般用在墙面、布艺、装饰品等处。

紫色搭配白色，空间印象较利落

紫色搭配同类色，空间配色印象和谐带有层次感

② 黄色为主色

要点 黄色常与木质建材和仿古砖搭配使用，近似色彩可以渲染出柔和、温润的气质。

③ 白色＋棕色系

要点 棕色系既可以用作家具之中，也可以作为背景墙的配色，与白色进行搭配，质朴中不失纯粹的美感。

④ 女性色组合

要点 将若干种女性色运用在法式乡村风格的居室中，可以体现出唯美、精致感。配色时最好加入棕色系的木质家具或仿古砖，以及藤制装饰品等，用来凸显乡村风格的古朴特征。

9 美式乡村风格

自然、怀旧的配色　家具色彩较厚重

常见配色方案

① 大地色（主色）+ 绿色

要点 大地色通常占据主要地位，并用木质材料呈现出来。绿色多用在部分墙面或窗帘等布艺装饰上，基本不使用纯净或纯粹的绿色，多具有做旧的感觉。

② 白色（主色）+ 大地色 + 绿色

要点 将白色作为顶面和墙面色彩，大地色用作地面色彩，空间配色稳定。大地色也可以作为主角色，绿色则常做配角色和点缀色，配色关系既具有厚重感，又不失生机、通透。

③ 大地色 + 白色

要点 可塑造出明快的美式乡村风格，适合追求自然、素雅环境的居住者。若空间小，可大量使用白色，大地色作为重点色；若同时组合米色，色调会有过渡感，空间配色显得更柔和。

④ 大地色组合

要点 大地色在空间中大面积运用，可同时作为背景色和主角色，组合时需注意拉开色调差，避免沉闷。也可以利用材质体现厚重色彩，如仿旧的木质材料、仿古地砖等。

10 现代美式风格

配色更加丰富　布艺多使用低彩度棉麻

常见配色方案

① 比邻配色

要点 比邻配色最初设计灵感来源于美国国旗，基色由国旗中蓝、红两色组成，具有浓厚的民族性，且令家居空间更具视觉冲击，有效提升居室活力。也可采用红、绿搭配，配色效果同样引人入胜。

红色 + 蓝色点缀

红色 + 绿色点缀

② 旧白色 + 浅木色

要点 旧白色是指加入一些灰色和米色形成的色彩，比起纯白带有一些复古感觉，更符合美式风格追求质朴的理念。同时与浅木色搭配，可以增加空间的温馨特质。

③ 浅木色 + 绿色

要点 此种配色具有自然感和生机感，适合文艺的青年业主。其中，绿色常用在布艺或配角色、点缀色之中，若是浅淡绿色，也可以用于墙面；浅木色则会出现在家具、地面、门套、木梁等处。

④ 鲜艳色彩的运用

要点 大量色调鲜艳色彩的运用，形成令人眼前一亮的空间氛围。大面积配色可以广泛扩展到橙色、黄色、蓝色等，但要有棕色进行搭配。

11 英式田园风格

本木色的高曝光率　来源于自然界的色彩　英国国旗中的配色

常见配色方案

① 本木色为主色

要点 本木色曝光率很高，背景色、主角色均会用，常出现在软装家具和吊顶横梁的装饰之中，具有令家居环境显得自然、健康的优点。

② 白色（主色）+ 木色

要点 白色作为主色奠定空间的纯净特色，再将木色表现在家具、地面之中，同时加入绿植的点缀，即可营造出自然、清新感的空间。

③ 绿色 + 本木色

要点 绿色一般为布艺家具色彩，也可做主题墙色彩；本木色不可或缺，常用于地面，可凸显质朴感；也可加入白色做吊顶、墙面配色，缓解浓郁色彩带来的压力。

④ 红色系的使用

要点 伦敦红为典型的地域式色彩，既可作为大面积墙面背景色，也可表现在布艺之中（格子图案布艺最佳），搭配白色和木色。

红色为布艺色彩点缀

红色做背景色

⑤ 暗色调 / 暗浊色调蓝色 + 白色 + 木色

要点 蓝色系色调上最好保持为暗色调或暗浊色调，凸显英式乡村风格的理性。搭配用色依然以白色、木色为佳。

12 韩式田园风格

浪漫、清新的配色　大量自然色彩和女性色彩的运用

常见配色方案

① 白色 + 粉色 + 绿色

要点 将绿色与白色、粉色搭配使用，可以塑造出甜美不乏自然气息的空间环境。其中，粉色和绿色可以通过明度变化来丰富空间层次感。

② 带有女性印象的色彩

要点 大量体现女性情感印象的色彩应用广泛，除了粉色，大量糖果色、流行色也经常出现，如苹果绿、柠檬黄、尼亚加拉蓝、岛屿天堂蓝等。但这类色彩大多干净、明亮，暗色调配色不适合出现在韩式田园风格的家居中。

③ 白色＋粉色

要点 韩式田园风格的经典配色。背景色和家居用品常运用白色，再用粉色系表达风格的淡雅与浪漫。

13 北欧风格

色彩朴素、干净、柔和　自然材料的本色居多

常见配色方案

① 白色 + 原木色

要点 白色为背景色，原木色作为主角色和配角色，通常会加入灰色作为两种色彩之间的调剂。另外，原木色常以木质家具或家具边框的形式呈现，空间氛围温润、雅致。

② 无色系组合

要点 常见的北欧风格配色，若觉得配色单调或对比过强，可加入木质家具调节。这种配色方式和现代风格的配色区别主要体现在家具以及墙面的造型上。

白色 + 黑色 + 灰色，配色具有层次感

白色 + 灰色，空间通透，品质感更强

③ 浊色调或微浊色调色彩

要点 北欧风格也常见大面积浊色调和微浊色调，如淡山茱萸粉、雾霾蓝、仙人掌绿等，这些色彩既可以作为主角色，也可以作为背景色，形成文艺中带有时尚的北欧风格配色。

淡浊色调为背景色

浊色调为主角色

④ 金色点缀

要点 金色常通过金属材质来表现配色，常用在灯具、装饰画框、花盆及部分家具中。

14 地中海风格

从地中海地域取色　色彩组合大胆、奔放　色彩丰富、明亮

常见配色方案

① 白色 + 蓝色

要点 最经典的地中海风格配色，效果清新、舒爽，常用于蓝色门窗搭配白色墙面，或蓝白相间的家具。

② 黄色 + 蓝色

要点 以高纯度黄色为主角色可令空间显得更加明亮，而用蓝色进行搭配，则避免了配色效果过于刺激。黄色也可以用同为暖色系的橙色体现，但一般将蓝色作为主色，橙色作为辅助色。

蓝色 + 黄色，明亮、奔放

蓝色 + 橘色，明亮感降低，配色更加沉稳

③ 大地色 + 蓝色

要点 两种典型的地中海代表色融合，兼具亲切感和清新感。若想增加空间层次，可运用不同明度的蓝色来进行调剂。

④ 白色 + 原木色

要点 适用追求低调感地中海风格的业主。白色常为背景色，也可用米色替代，原木色则多用在地面、拱形门造型的边框，以及墙面、顶面的局部装饰。

15 东南亚风格

源自于雨林的配色　浓郁、神秘的色彩搭配　异域风情配色

常见配色方案

① 原木色系

要点 常作为空间背景色和主角色，体现出拙朴、自然的姿态。如果将原木色用在墙面，多以自然材料展现，如木质、椰壳板等。

② 大地色 + 紫色

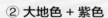

要点 体现出家居风格的神秘与高贵，强化东南亚风格的异域风情。但紫色用得过多会显得俗气，在使用时要注意度的把握，适合局部点缀在纱缦、手工刺绣的抱枕或桌旗之中。

③ 大地色 / 无彩色 + 多彩色

要点 大地色、无彩色为主色，紫色、黄色、橙色、绿色、蓝色、红色中的至少三种色彩为点缀色，具有魅惑感和异域感。具体设计时，绚丽点缀色可用在软装和工艺品上，多彩色在色调上可拉开差距。

④ 大地色 + 对比色

要点 通常大地色用作主色，红色、绿色或红色、蓝色为软装配色，彰显出浓郁的热带雨林风情。配色时，基本不会使用纯色调对比，多为浓色调对比，主要通过各种布料或花艺展现。

⑤ 无彩色系 + 棕色 + 绿色

要点 无色系、棕色作为主要色彩，搭配绿色，营造出具有生机感的东南亚风格配色；为了避免和田园风格形成类似效果，在图案选择上应有区别，如多采用热带植物图案的布艺、大象装饰画等。

16 日式风格

以素雅为主　强调自然色彩的沉静　多偏重于浅木色

常见配色方案

① 木色（主色）

要点 不假雕琢的原木色十分常见，会占据空间大面积配色，形成一种怀旧、怀乡、回归自然的空间情绪。

② 白色 / 灰色 + 木色

要点 木色被大量运用在家具、门窗、吊顶之中，再用白色做搭配，令家居环境更显干净、明亮。若喜欢更加柔和的配色关系，也可把白色调整成灰色。

白色 + 木色 + 灰色，空间更显通透

红色 + 灰色 + 木色，配色融合度更高

③ 浊色调蓝色点缀

要点 浊色调蓝色清新、节制，在白色和木色塑造的空间中加入这类色彩点缀，可令配色印象更富张力，且提升空间的通透感。

④ 白色 + 木色 + 黄绿色系

要点 浊色调黄绿色柔和中带有生机，且与木色属于类似型配色，和谐中充满变化，可使白色与木色搭配的空间更加灵动、自然，适合文艺的年轻业主。

二、常见的空间配色印象

潮流时尚

每一年甚至每一个季度，时尚界总是有不同的流行元素出现，包括配色、图案等，将这些元素复制到家居配色中，就是时尚的配色印象。将时尚配色运用在家居中，可以整套复制一组流行色，也可以单独复制一种喜欢的色彩，再根据需要搭配其他的颜色。

配色禁忌

大面积运用流行色需慎重：将时尚色用作重点色或辅助色是安全的做法，如果大面积用在墙面，考虑不周全时很容易凸显户型缺点，而采用白色墙面无论什么颜色都可以容纳，容易获得协调效果。

▼ 以 2018 年流行色“极光紫”为例

C42 M35 Y17 K0　C85 M88 Y22 K0　C0 M0 Y0 K0

C64 M75 Y23 K0　C0 M0 Y0 K0　C43 M39 Y25 K0

C64 M82 Y61 K0　C11 M31 Y45 K0　C0 M0 Y0 K0

C0 M0 Y0 K0　C0 M0 Y0 K100　C59 M76 Y7 K0

动感活力

动感活力的家居配色主要来源于生活中多样的配色，常依靠高纯度的暖色作为主色，搭配白色、冷色或中性色，能够使活泼的感觉更强烈。另外，活泼感的塑造需要高纯度色调，若有冷色组合，冷色的色调越纯，效果越强烈。

配色禁忌

避免冷色系或暗沉的暖色为主色：活力氛围主要依靠明亮的暖色相为主色来营造，冷色系加入做调节可以提升配色的张力。若以冷色系或者暗沉的暖色系为主色，则会失去活力的氛围。

C0 M0 Y0 K0
C58 M26 Y22 K0
C56 M100 Y92 K49
C38 M83 Y93 K3
C100 M97 Y49 K4
C11 M5 Y86 K0

C0 M0 Y0 K0　C20 M72 Y52 K0　C54 M63 Y75 K10
C84 M49 Y9 K0　C91 M75 Y69 K45　C40 M10 Y73 K0

C2 M67 Y33 K0　C29 M5 Y55 K0　C15 M10 Y87 K0

C0 M0 Y0 K0　C31 M73 Y100 K0　C79 M50 Y100 K13
C23 M14 Y90 K0　C43 M94 Y83 K8

华丽浓郁

华丽浓郁的家居配色可以参考欧式宫廷，以及彩纱华服配色。常以暖色系为中心，如金色、红色和橙色，也常见中性色中的紫色和紫红色，这些色相的浓、暗色调具有豪华、奢靡的视觉感受。材质上可以选择金箔、银箔壁纸，以及琉璃工艺品来增加华丽感觉。

配色禁忌

避免冷色调与暗浊调的暖色：华丽型配色给人热烈、奢华的感受，过于理性的冷色会破坏此种色彩印象，要避免使用。另外，暗浊调的暖色其纯度较低，给人含蓄、内敛的色彩印象，也不适合华丽型家居配色。

C0 M0 Y0 K0
C47 M94 Y100 K0
C63 M75 Y77 K35
C9 M66 Y71 K0
C0 M0 Y0 K100

C0 M0 Y0 K0　C79 M33 Y20 K0　C57 M63 Y71 K10
C29 M52 Y82 K0　C64 M62 Y49 K3　C44 M10 Y73 K0

C29 M34 Y46 K0　C23 M32 Y70 K0　C60 M72 Y80 K29

C0 M0 Y0 K0　C85 M40 Y40 K0　C89 M66 Y57 K16
C68 M66 Y77 K28　C40 M40 Y60 K0

浪漫甜美

浪漫甜美型家居配色取自婚纱、薰衣草等带有唯美气息的物件，常运用明色调、微浊色调的粉色、紫色、蓝色等。如果用多种色彩组合表现浪漫感，最安全的做法是用白色、灰色或根据喜好选择其中一种色彩作为背景色，其他色彩有主次地分布。材质上可以选择丝绸质地，体现带有高贵感的浪漫家居。

配色禁忌

避免纯色调 + 暗色调、冷色调组合：浪漫型居室较适合明亮色相，可以利用其中的 2~3 种搭配；但如果使用纯色调 + 暗色调、冷色调的色彩互相搭配，则不会产生浪漫的效果。

C0 M0 Y0 K0

C51 M31 Y26 K0

C33 M27 Y20 K0

C51 M49 Y58 K0

C0 M0 Y0 K100

C0 M0 Y0 K0　C44 M32 Y15 K0　C76 M92 Y15 K0　C84 M66 Y100 K49

C0 M0 Y0 K0　C31 M34 Y37 K0　C45 M62 Y100 K4　C46 M44 Y32 K0　C57 M74 Y53 K5

温馨和煦

温馨和煦的家居配色来源主要为阳光、麦田等带有暖度的物品；水果中的橙子、香蕉、樱桃等所具有的色彩，也是其配色来源。配色时主要依靠纯色调、明色调、微浊色调的暖色做主色，如黄色系、橙色系、红色系。材质上可以选择棉、麻、木、藤来体现温暖感。

配色禁忌

冷色调、无色系需慎重使用：大面积的冷色调容易使空间失去温暖感；无色系中的黑色、灰色、银色也应尽量减少使用。

C0 M0 Y0 K0

C47 M94 Y100 K19

C35 M48 Y61 K0

C0 M0 Y0 K100

C0 M0 Y0 K0　C22 M19 Y20 K0　C29 M20 Y15 K0　C29 M51 Y80 K0　C7 M80 Y91 K0

C0 M0 Y0 K0　C71 M44 Y18 K0　C14 M35 Y77 K0
C0 M0 Y0 K100　C30 M42 Y41 K0　C67 M51 Y100 K9

C0 M0 Y0 K0　C44 M33 Y30 K0　C3 M67 Y86 K0
C26 M47 Y80 K0　C48 M54 Y62 K0

自然有氧

自然有氧型家居取色于大自然中的泥土、绿植、花卉等，色彩丰富中不失沉稳。其中以绿色最为常用，其次为栗色、棕色、浅茶色等大地色系。材质则主要为木质、纯棉，可以给人带来温暖的感觉。

配色禁忌

不适合大量运用冷色系及艳丽的暖色系： 例如，绿色墙面搭配高纯度的红色或橙色家具，会令家居环境完全失去自然韵味。但是这些亮色可以小范围地运用在饰品上，并不会影响整体家居的氛围。

C0 M0 Y0 K0
C53 M38 Y62 K0
C52 M90 Y100 K32
C81 M57 Y100 K29
C18 M34 Y52 K0

C52 M41 Y83 K0
C0 M0 Y0 K0
C28 M41 Y77 K0
C46 M6 Y20 K0
C66 M78 Y73 K43
C54 M99 Y85 K37

C62 M39 Y30 K0
C35 M48 Y54 K0
C28 M24 Y96 K0
C53 M70 Y84 K16
C32 M100 Y100 K1
C59 M43 Y86 K1

C0 M0 Y0 K0
C50 M68 Y89 K11
C38 M90 Y11 K0
C55 M33 Y98 K3
C18 M31 Y98 K0
C82 M72 Y94 K55

清新舒爽

清新家居的取色来源于大海和天空，自然界中的绿色也带有一定的清凉感。配色时宜采用淡蓝色或淡绿色为主色，并运用低对比度融合性的配色手法。另外，无论蓝色还是绿色，单独使用时都建议与白色组合，能够使清新感更强烈。在材质上，轻薄的纱帘十分适用。

配色禁忌

避免暖色调用作背景色和主角色：如果暖色占据主要位置，会失去清爽感。暖色调可以作为点缀色使用，如以花卉的形式表现，弱化冷色调空间的冷硬感。

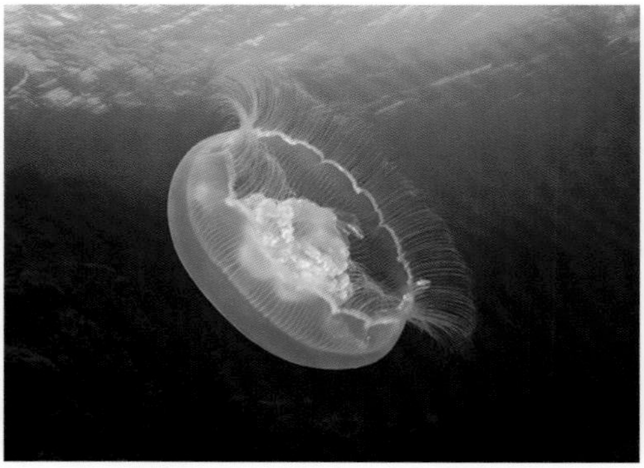

C0 M0 Y0 K0

C00 M00 Y00 K00

C00 M00 Y00 K00

C0 M0 Y0 K100

C75 M34 Y23 K0

C0 M0 Y0 K0
C40 M1 Y11 K0
C50 M47 Y43 K0

C0 M0 Y0 K0
C81 M46 Y50 K1
C48 M46 Y48 K0

朴素大方

朴素的色彩印象主要依靠无色系、蓝色、茶色系等色系的组合来表达，除了白色、黑色，色调以浊色、淡浊色、暗色为主。朴素型的家具线条大多横平竖直，较为简洁，空间少见复杂的造型，材质上多见棉麻制品。

配色禁忌

黑色和棕色使用需控制面积：黑色和暗色调棕色如果大量使用，很容易使配色印象转变为厚重感，与朴素印象有所区别，可以作为点缀色、辅助色或重点色少量使用，但深棕色可以少量用在地面上。

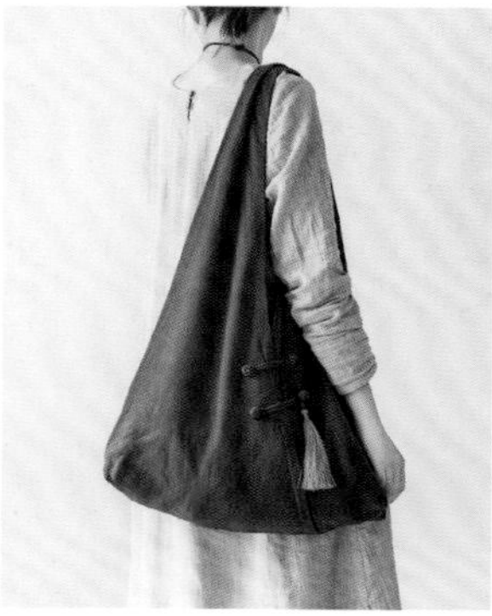

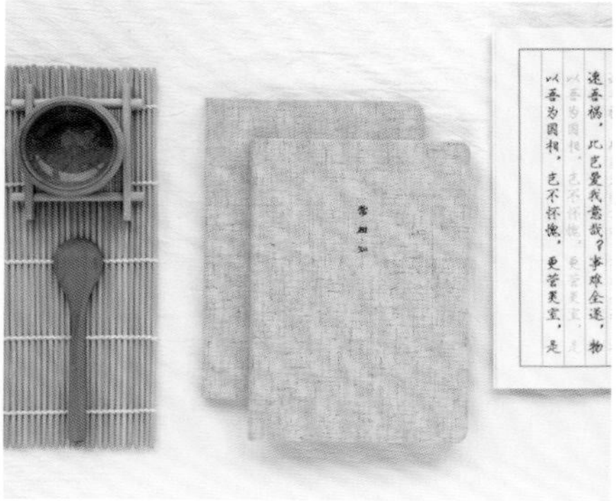

- C0 M0 Y0 K0
- C67 M56 Y49 K2
- C61 M71 Y77 K27
- C88 M84 Y61 K39
- C0 M0 Y0 K100

C0 M0 Y0 K0　C43 M42 Y49 K0　C75 M71 Y64 K29　C22 M35 Y41 K0

C0 M0 Y0 K0　C43 M48 Y57 K0　C19 M23 Y32 K0　C59 M68 Y75 K19　C51 M41 Y96 K0

传统厚重

传统家居配色最重要的是体现出时间积淀，老木、深秋落叶、带有历史感的建筑，能很好地体现出这一特征。配色时主要依靠暗色调、暗浊色调的暖色及黑色体现，常用近似色调。材质上多用木材，可以打造出带有温暖感的传统型家居。

配色禁忌

避免大面积高浓度暖色：不要选择高浓度暖色作为主角色或配角色，如红色、紫红色、金黄色等，此类色调具有华丽感，很容易改变厚重的印象。

C0 M0 Y0 K0

C67 M56 Y49 K2

C61 M71 Y77 K27

C88 M84 Y61 K39

C0 M0 Y0 K100

C62 M84 Y89 K51 | C0 M0 Y0 K100 | C21 M26 Y28 K0 | C52 M92 Y98 K21

C0 M0 Y0 K0 | C70 M70 Y68 K34 | C52 M55 Y54 K3 | C47 M95 Y89 K34 | C40 M53 Y82 K3

工业复古

工业风的配色主要来源于机械、旧工厂的水泥墙等，体现出一种男性的粗犷与冷硬。空间背景色常为黑白灰色系，以及红砖墙的色彩，有时也会利用夸张的图案来表现风格特征。另外，工业风常会一反色彩的配置规则，色调之间往往没有主次之分。

配色禁忌

避免过于强烈的纯色：由于工业风格给人的印象是冷峻、硬朗、个性的，因此家居设计中一般不会选择蓝色、紫色、绿色等色彩感过于强烈的纯色。

- C73 M65 Y70 K25
- C57 M71 Y63 K11
- C0 M0 Y0 K100
- C45 M35 Y100 K0

C54 M43 Y41 K0 C56 M77 Y98 K32 C86 M69 Y32 K2 C47 M100 Y37 K12 C0 M0 Y0 K100

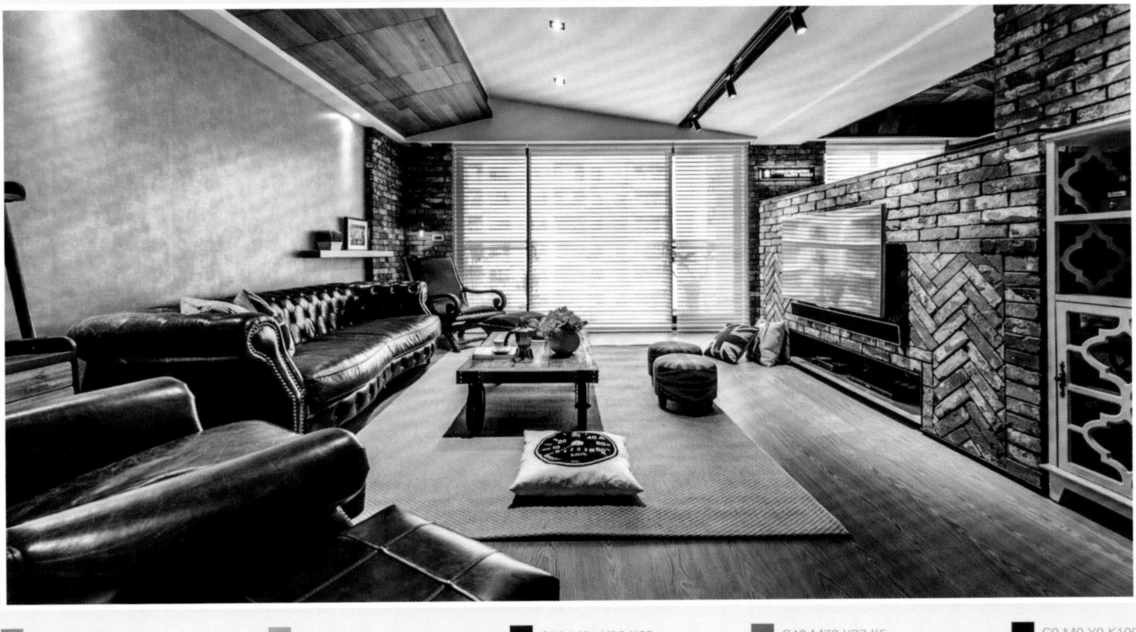

C27 M63 Y72 K0 C45 M28 Y29 K0 C72 M81 Y88 K62 C42 M79 Y87 K5 C0 M0 Y0 K100

男性空间

男性给人的印象是阳刚、有力量的，在设计时可以运用蓝色或者黑、灰等无色系结合表现，也可将高明度或浊色调的黄色、橙色、红色作为点缀色，但须控制比重。一般来说，居于主要地位的大面积色彩，除了白色和灰色外，不建议明度过高。

配色禁忌

避免过于柔美、艳丽的色彩：过于淡雅的暖色及中性色具有柔美感，不适合大面积用于男性居住空间的环境色中；鲜艳的粉色、红色具有女性特点，也应避免。

C16 M10 Y9 K0 C20 M50 Y56 K0 C54 M72 Y81 K18 C31 M32 Y43 K0 C0 M0 Y0 K100

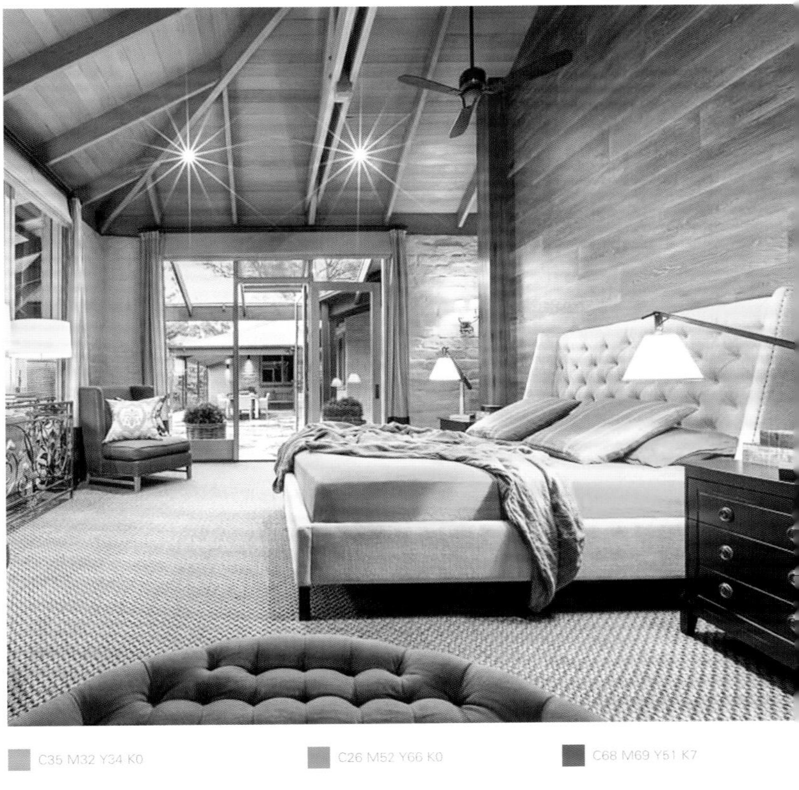

C80 M64 Y61 K18 C72 M69 Y85 K43 C35 M32 Y34 K0 C26 M52 Y66 K0 C68 M69 Y51 K7

女性空间

女性家居在使用色相方面基本没有限制，即使是黑色、蓝色、灰色也可以应用，但需要注意色调的选择，避免过于深暗的色调及强对比。另外，红色、粉色、紫色等具有强烈女性主义的色彩在家居空间中运用十分广泛，但同样应注意色相不宜过于暗淡、深重。

配色禁忌

避免大面积暗色系：女性空间虽可用冷色表现，但要避免大面积使用暗沉冷色，这类配色可做点缀色，或用在地毯等地面装饰上。另外，暗色系暖色具有复古感，运用时要避免与纯色调或暗色调冷色同时大面积使用，容易产生强对比，安全的方式是组合色相相近的淡色调。

C0 M0 Y0 K0　C22 M19 Y60 K0　C50 M53 Y32 K0　C64 M63 Y62 K22

C25 M34 Y34 K0　C30 M76 Y31 K0　C10 M11 Y68 K0
C79 M66 Y41 K2　C22 M25 Y14 K0　C0 M0 Y0 K0

C0 M0 Y0 K0　C74 M54 Y40 K0　C42 M43 Y71 K0
C15 M75 Y38 K0　C22 M13 Y80 K0

儿童空间

儿童房配色根据不同性别、不同年龄段而有所区分，但总体应体现出活泼、灵动之感。其中，男孩儿房的色彩大多为蓝色、绿色或暗暖色；女孩儿房的配色偏向于暖色系，也常会用到混搭色彩。另外，可以利用吻合儿童心理特征的图案来丰富空间的色彩。

配色禁忌

配色不应太过鲜艳、压抑： 虽然儿童房的配色应体现出活泼感，但整体配色却不宜太过鲜艳，容易降低儿童对色彩的辨认度，可以在整体明亮、轻快的浅色调中，突出一两种重点颜色，以加深儿童对色彩的鲜明印象。

C0 M0 Y0 K0

C5 M47 Y18 K0

C48 M21 Y95 K0

C58 M73 Y70 K20

C43 M69 Y75 K3

C0 M0 Y0 K0　C16 M61 Y10 K0　C47 M86 Y87 K9
C71 M74 Y24 K0　C23 M32 Y70 K0

C0 M0 Y0 K0　C38 M36 Y45 K0　C36 M18 Y74 K0
C81 M79 Y51 K25　C71 M66 Y55 K8　C43 M69 Y83 K4

C0 M0 Y0 K0　C13 M25 Y34 K0　C59 M40 Y63 K1
C15 M46 Y49 K0　C29 M23 Y27 K0

老人空间

老年人一般喜欢相对安静的环境，可以使用一些舒适、安逸的配色，如米色、米黄色、暗暖色等。在柔和的前提下，也可使用一些暗色调的对比色来增添层次感和活跃度。为防止配色单调，还可以在床品类软装上做文章，如选择拼色或带图案的床单，图案以典雅花型为主，如墨青色荷花、中式花纹等。

配色禁忌

避免色调太过鲜艳：无论使用什么色相，色调都不能太过鲜艳，否则容易令老人感觉头晕目眩，且老年人的心脏功能有所下降，色调鲜艳很容易令人感觉刺激，不利于身体健康。

C0 M0 Y0 K0
C37 M27 Y25 K0
C36 M41 Y52 K0
C0 M0 Y0 K100
C54 M56 Y50 K0

C70 M78 Y74 K47
C56 M58 Y44 K0
C67 M53 Y64 K0
C20 M30 Y49 K0
C0 M0 Y0 K0

C0 M0 Y0 K0
C12 M22 Y38 K0
C57 M63 Y68 K10
C3 M58 Y50 K0

家居配色不仅可以从时装周、世界名画等其他途径获取灵感，其色彩搭配本身也拥有众多的调整技法。因此，在开拓配色思维的同时，掌握配色方法，才能形成引人入胜的室内环境。

CHAPTER 5

攻破配色的调整技法，让室内环境更加引人入胜

一、色彩的灵感来源

从平面设计中提取配色方案

在平面设计中，往往会通过色彩搭配形成视觉冲击，达到引人注目的效果。在家居配色设计中可以借鉴其撞色设计，或大面积色块铺陈的方式，塑造出高品格的室内环境。

C72 M19 Y100 K0

C0 M0 Y0 K0

C0 M0 Y0 K0

C0 M100 Y100 K0

C83 M46 Y9 K0

C0 M0 Y0 K0

C80 M38 Y1 K0

C6 M88 Y38 K0

C10 M30 Y87 K0

C100 M100 Y63 K42

C48 M66 Y100 K9

跟着时装周学配色

色彩是时装中必不可少的元素，把引领潮流的时装色彩运用到家居配色设计中，可以令家居环境与时尚接轨，更加吸引人的眼球。

C0 M0 Y0 K0

C68 M55 Y0 K0

C66 M48 Y0 K0

C0 M83 Y95 K0

C0 M0 Y0 K0

C9 M30 Y78 K0

C85 M42 Y60 K0

C0 M0 Y0 K100

C37 M34 Y58 K0

大自然带来的配色智慧

红绿喧闹的田野、五彩斑斓的山峦、金黄的沙滩，大自然中的万物都有着美丽动人的色彩，把这些原生态的色彩运用到家居配色设计中，可以令都市中的人领略自然的风采。

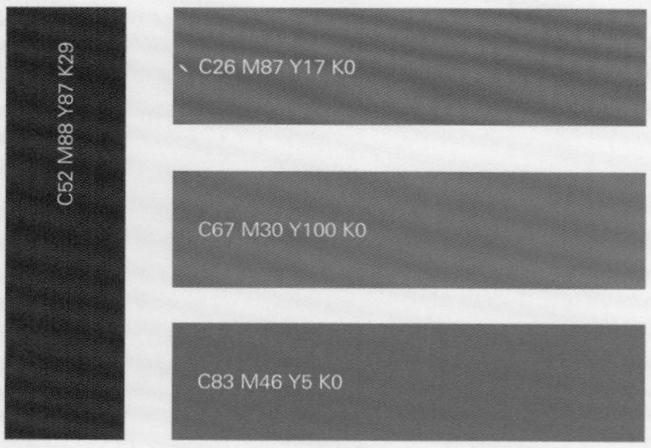

C57 M19 Y56 K0

C41 M43 Y57 K0

C3 M38 Y90 K0

C77 M34 Y0 K0

C57 M87 Y98 K43

C0 M0 Y0 K0

C58 M59 Y61 K5

C35 M26 Y18 K0

名画作品中的配色运用

艺术家是色彩审美的先行者，从艺术家的绘画作品中提取空间配色的灵感，可以把或唯美、或静谧的画中场景应用到家居空间中，从而产生美的享受。

C0 M0 Y0 K0

C68 M55 Y0 K0

C49 M63 Y84 K7

C0 M0 Y0 K0

C13 M6 Y57 K0

C47 M17 Y23 K0

C9 M4 Y78 K0

C84 M39 Y90 K2

C22 M81 Y100 K0

C0 M0 Y0 K0

C7 M33 Y85 K0

C27 M82 Y96 K0

二、突出主角的配色技法

提高纯度可清晰明确主角配色

在空间配色中，要想使主角变得明确，提高纯度是最有效果的方法。当空间中的主角变得鲜艳，自然拥有强势的视觉效果。

同背景色，提高主角色明度的配色区别

当主角色的纯度较低与背景色差距小时，效果内敛，而缺乏稳定感

提高主角色的纯度后，整体主次层次更分明，具有朝气

×

主角色的存在感很弱，空间配色寡淡，给人不稳定感

✓

提高主角色的纯度，引人注目，形成空间的视觉中心，给人安定舒畅感

加强明度差，主角可被充分凸显

拉开空间中主角色与背景色之间的明度差，也能够起到凸显主角色主体地位的作用。此种方式也适合于灰色和黑色或灰色和白色的组合，由于无色系中只有灰色具有明度的属性，所以在它与白色或黑色组合中显得不突出时，可以调节其明度。

同背景色，拉开明度差的配色区别

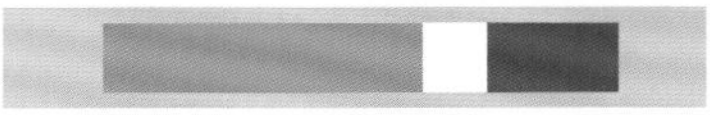

黄色和橙色为近似色，两者同为纯色的情况下，明度差小，效果稳定

黄色和蓝色为对比色，两者同为纯色的情况下，明度差大，效果活泼

主角色与背景色同为白色虽然整体感强，但不够突出

主角色改为黑色后与背景色明度差加大，更突出

减弱背景色与配角色，可保证整体配色更优雅

不改变主角色，而改变配角色或背景色，来凸显主角色主体地位，这种方式就是抑制背景色或抑制配角色。前者适用于空间中的易改变背景色，如窗帘、地毯等软装特别抢眼的情况。如果是墙面等固定界面的背景色过于突出，直接调整主角色会更方便。

抑制背景色

背景色的纯度比主角色更高，比较抢眼

降低背景色的纯度提高其明度，
主角色的主体地位更突出

抑制配角色

配角色的面积大且纯度高，比主角色更突出

将配角色的纯度降低后，
主角色变得更突出

×

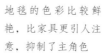

地毯的色彩比较鲜艳，比家具更引人注意，抑制了主角色

✓

换成米色地毯后，主角色更突出，空间色彩冲击力降低，视觉观感更舒适

增加点缀色映衬，使主角焕发光彩

若不想对空间做大改变，可以为空间软装增加一些点缀色来明确其主体地位。这种方式对空间面积没有要求，大空间和小空间均适用，是最经济、迅速的一种改变方式。例如，客厅中的沙发颜色较朴素，与其他配色相比不够突出，则可以摆放几个彩色靠垫，通过增加点缀色来达到突出主角地位的目的。

点缀色数量引起的色彩区别

主角色与背景色的明度接近，点缀色为白色和绿色，主角色的主体地位不突出

在点缀色中增加了绿色的对比色，使色彩数量增加，主角色就变得比较突出

在灰色的沙发上摆放一组黄色、蓝色、绿色、白色组合的靠枕，令沙发的主体地位更显著、更明确。

三、常见的配色问题

Q

怎样选择自己喜欢的色彩印象？

色彩是比较复杂的存在，不同的色彩有不同的感觉，即使相同的色相，不同明度和纯度的变化，所表述的情感也是有所区别的，因此，在进行居室色彩设计前，确立自己喜欢的色彩十分必要，通过选择、对比能够获得更为理想的设计效果。

色彩的来源是十分广泛的，能够塑造自然氛围的色彩就包含了所有自然界中的来源，花草、树木、不同颜色的土地等。在找到自己喜欢的色彩时，通过一定的手段比如照片、录像等记录下来，在做居室设计前，找出这些色彩，对照相关的专业色标图集，找出相对应的色标，而后根据色彩的数量、色相型、色调型等知识，查看它们之间的关系，进而确定主色、副色，决定整体风格。

一个空间中可否有两种色彩印象？

如果想要在一个空间之中采用两种色彩印象，必须要有一个进行主导，另一个做点缀用，如果分布方式过于平均，则会产生混乱感。可以确定一种色彩印象在大范围内使用。例如，温馨感的色调，大范围内采用温柔的米色、米黄色等来塑造，然后在小范围内做另一种色彩印象的搭配。例如，以沙发为中心，将沙发作为背景色，靠枕做主角色，茶几等作为点缀色，塑造具有开放感的、活力的色彩印象。

单一的色彩印象，给人的感觉比较明确，而组合起来的色彩印象，配色更加丰富，氛围更加活跃。

确定色标后怎样寻找对应的色彩?

在确立了居室内所选用的色彩以及它们之间的关系后，就需要拿着色标，去寻找对应的材料。在色彩与材质的关系里我们说过，相同色彩不同的材质感觉也是不同的。可以根据以往的经验，确立几种自己喜欢的材质，然后对应所选择色彩的色标去寻找，通常商家都会有对应的样板提供，可以进行搜集，最后再组合起来确定所采用的材料。

色彩搭配是否需要追随潮流?

如同服装一样，每一年流行的色彩也会有变化，而且，流行的变化速度总是非常快的，时效性非常强，色彩与时装不同，时装过时后可以留起来，等待再次流行，而色彩过了流行时段后，居室内所采用的流行色就会变得尴尬。

因此，想要追求经典的效果，还是选择适合自己的、自己喜欢的色彩搭配方式；若追求新鲜感，则可追随潮流，觉得大面积地更换界面的色彩过于麻烦，可以小范围内更换小件的家具和装饰物。但这样做容易产生混乱的效果，因此需要对色彩有比较高的掌控力。

居室内所有房间是否要全部统一配色方案?

通常来说，开放的公共空间，为了获得比较整体的效果，需要进行整体式的色彩设计。而单独的空间，例如卫浴、书房、卧室等，这些空间私密而独立，可以不与整体采用相同的色彩印象，根据性别以及年龄的不同选择自己比较心仪的色彩，更有归属感。

怎样避免配色的失误？

色彩的搭配设计与其他设计一样，需要有主要的重点色彩，其他的次之，需要凸显出主要色彩印象的主体地位。

进入一个居室后，感觉没有明确的色彩印象，无法传达出想要表述的感情，各个部分都比较平均，感觉混乱。这是因为在进行配色的初期，没有明确主要色彩印象，想到哪里就做到哪里，没有主旨而造成的。

在进行配色时，想要避免这样的失误，需要从一开始就确立一个明确的色彩感觉，将其作为主导，围绕着主体部分进行其他色彩的搭配，这样所得的效果就会十分明确。例如，喜欢浪漫氛围，将粉色作为背景色或者主色，占据最大面积，而后搭配副色；想要梦幻感，搭配白色；想要童话般的氛围，搭配接近白色的冷色。最后再搭配点缀色。这样的组合方式，最终呈现的效果就会十分明确。

很多颜色都很喜欢，怎么搭配在一起才不凌乱？

过去不常使用多种颜色或者互相冲突的颜色来搭配。事实上，只要运用合理，就能碰撞出独特的品位。颜色混搭之初最关键就是要确定空间的一个主要的基调或者抓住一个主题，只有确定了主题、风格，才好着手下一步工作；接下来就是颜色的搭配：不要盲目地搭配，混搭并不是颜色越多就越好，一般来讲，空间的主色系不能超过三种，最多不能超过四种；最后，要注意颜色渐形状、面积的关系，要有主有次，做到重点突出。

居室配色应如何确定界面和软装的顺序?

进行居室的色彩设计时，占面积比较大的分别是墙面、顶面和地面，这些色彩需要根据想要的效果确定基调。此外，在装修动工前，家具的色彩也有必要先确定下来。家具是除了空间固有界面外，占据面积最大的一部分设施，它们的配色，直接会对主体氛围产生影响。

如果先确定了墙面色彩，可以根据墙面色彩去选择家具，这样家具的可选择范围就比较小；还可以先确定家具的颜色，然后搭配居室内界面的颜色，这样，墙壁、天花板、地面的可选颜色就比较多。

如果将家具和界面的颜色分开考虑，最后组合起来的效果通常不会很理想，毕竟居室设计是一个整体，包括了各个部分，单一的分开考虑很难取得和谐的整体感。

如何根据界面的固定色彩选择家具?

在选择家具时，可以首先根据固定的色彩，设想一下自己需要塑造的气氛，如果自己觉得不确定，那么大件的起到主导作用的家具，例如沙发、大衣柜等，可以选择接近墙面或地面的色彩，色相靠近或者同色系在明度、纯度上做变化，这样获得的效果比较协调、舒适。随后可以从小件的家具进行丰富色彩，这样做不会破坏整体感，还能够达到活跃氛围的目的。

还有一种方式，可以将大型的家具分成两个部分，一部分的颜色接近墙面，另一部分接近地面，这样会有更强的整体感。例如，沙发组中，中间的双人座接近墙面，另外两个单人沙发颜色可以选择接近地面，这样获得的效果更为协调，同样可以通过小的物件来调整色彩。

如果对色彩的掌控力很有信心，家具的色彩可以根据想要的氛围来塑造。例如，选择与墙面或地面具有强烈对比的家具，能够塑造开放的、明快的空间氛围等。

同一空间中墙面色彩应该如何选择?

许多人在进行居室的配色时，因为喜欢的色彩很多，因此喜欢将一个居室内的墙面设计成不同的颜色。

从配色的整体效果上来说，这样做容易让人感觉混乱，最好控制在两种色彩以内，特别是卧室，过于冲突的颜色非常刺激，可以选择类似型的配色，或者采用同一色相不同明度或纯度的搭配方式，这样更容易获得整体感。

墙面色彩属于背景色，为了后期进行陈设提供一个基调，除非有特别需求，否则应该尽量控制在统一范围内。

冷色的空间，需要暖色搭配吗?

偏爱冷色家居的居住者，在进行配色时千万不要一冷到底。不妨把居室面积的 10% 拿来给暖色，这样不但能为家里增添一丝暖意，更是为了突出冷色的效果。因为没有冷暖的对比，实际上是达不到冷色效果的。

如何利用色彩营造出恬淡氛围的居室?

要想家居展现出宁静、自然的一面，可以减少色彩的选择。其中，淡淡的蓝灰色能够帮助人们放松紧张的神经，会令房间显得恬淡而柔和，并有一种隐约的怀旧情怀。在这样的空间里，搭配深色的木质家具或是同色系的布艺家具都是不错的选择。

Q

白色为主色调的客厅，用什么颜色的窗帘好看？

① 白色＋浅棕色。如果窗帘的面积很大，白色与浅棕色无疑是最合适的搭配。如果希望居室里温暖感多点的话，不妨再适当增加浅棕色的靠垫或其他布艺产品。

② 白色＋黄色。白色客厅与黄色窗帘的搭配，能拉伸空间的视觉效果，让空间看起来更明亮，特别适合采光不理想的小空间。

③ 墨绿色＋白色。很少人敢用墨绿色来装饰家居，觉得墨绿过于冷静，难以找到一种颜色与之搭配。其实，纯净的白色客厅里用墨绿色的窗帘，会有一种豁然开朗的味道，呈现一种别样的视觉效果，整个空间充满个性。

客厅中用原木色家具，搭配什么颜色的窗帘好看？

原木家具的色彩现在主要有两种，一种是将木材的颜色做旧，将古典的欧式风格融入其中，另外一种是木材的本色，十分淡雅清新。这两种颜色的原木家具都可以用简单的布艺进行搭配。最好配一些清淡而不失朝气的颜色，如典雅的灰色系、温柔恬静的浅色系等，可以令整个居室的立体感更突出。

门与地板的颜色怎么搭配才适宜?

① 深色地板与门的搭配。深色地板搭配深色木门，常用于保守设计或者传统风格的设计。需要注意的是，门的颜色应略浅于地面，这样可以拉伸空间的视觉感。另外，深色地板不要配白色木门，这样风格上会不协调。

② 棕色地板与门的搭配。棕色地板 + 深色门的搭配方式非常常见，很多风格上都有应用。而棕色地板 + 浅色门的搭配也很普遍，现代、混搭、田园等风格都会采用。另外，棕色地板不要搭配棕色门，这样的装饰效果会令整个居室空间显得压抑，且没有安全感。

③ 浅色或白色地板与门的搭配。现在有不少家庭喜欢把地板刷成白色，希望拥有宁静的家居气氛。那么门可以使用灰白色系等较为轻快的颜色，这样容易给人宁静的感觉，也不会造成颜色上的“头重脚轻”。

④ 松木材质地板与门的搭配。松木地板上刷清漆后呈现的颜色略带黄色调，那么门就运用“相邻颜色”的法则，挑选与黄色相邻的绿色，这样就能营造出一个很温暖的氛围。

⑤ 红茶色地板与门的搭配。带红色调的地板本身颜色就给人强烈的感觉，如果门也用颜色浓的油漆涂刷，就会显得不协调。因此，可以选择带有粉色调的象牙色，与红茶色地板就会形成统一感。